AF546756

Ibrahim Kar / Michael Berz
Terminplanung im Anlagenbau

Ibrahim Kar / Michael Berz

Terminplanung im Anlagenbau

Dipl.-Ing., Dipl.-Kfm. **Ibrahim Kar**
Jahrgang 1970
war nach seiner Ausbildung zum Technischen Zeichner und seinem Studium als Entwicklungsingenieur, Wissenschaftlicher Mitarbeiter, Projektmanager und Project Service Engineer tätig. Seine derzeitigen Tätigkeitsschwerpunkte bei der Royal Dutch Shell umfassen Finanzen insb. Kostenschätzungen, Terminplanung, Controlling sowie Physikalischer Progress (Baustellenfortschritt).

Dipl.-Wirt.-Ing. (FH) **Michael Berz**
Jahrgang 1986
ist bei Evonik als Senior Cost Engineer für die Erstellung von First Cost Ranges, Study Cost Estimates und Validation of Conceptual & Basis Cost Estimations im Bauwesen und Rohrleitungsbau verantwortlich.

Für die Terminplanungen stehen Templates und Begleitdokumente zur Verfügung, die separat als Word- oder Excel-Dateien beim Verlag erworben werden können (Download): www.vogel-fachbuch.de

Weitere Informationen:
www.vogel-fachbuch.de

ISBN 978-3-8343-3532-6
1. Auflage. 2024

Printed in Germany

Vorwort

Dieses Fachbuch zur Terminplanung richtet sich an alle, die einen detaillierten Überblick über die Terminplanungsdisziplin im Anlagenbau suchen, insbesondere im Bereich des verfahrenstechnischen Anlagenbaus. Solche Anlagen sind oft komplexe Systeme zur Herstellung von chemischen und petrochemischen Produkten und erfordern eine sorgfältige Planung, um termingerecht und innerhalb des Budgets fertiggestellt zu werden. Eine genaue und umfassende Terminplanung ist daher unerlässlich.

Das Buch gibt den Lesern einen detaillierten Überblick über den Aufbau von Terminplänen sowie die Vorgehensweise für die Erstellung der erforderlichen Begleitdokumente, wie Terminplanungsplan (Schedule Plan, fasst die Vorgehensweise zur Terminplanerstellung zusammen), Annahmen der Terminplanung (Basis of Schedule) und Terminplanungsvorlagen (Schedule Templates).

Es ist in die folgenden Hauptkapiteln gegliedert:

- Grundlagen der Terminplanung,
- Planung (Engineering),
- Equipment- und Materialeinkauf bzw. -beschaffung (Procurement) und
- Montage und Installation (Construction) sowie
- Inbetriebnahme (Testing und Pre-Comissioning).

Die Autoren danken dem Verlag und ihren Unterstützern, die zum Gelingen dieses Buches beigetragen haben.

Köln, Mai 2023

Ibrahim Kar
Michael Berz

Inhaltsverzeichnis

Einleitung und Zielsetzung

1

Im Anlagenbau sind neben den Engineering- bzw. Planungsleistungen auch die Kostenschätzung und Terminplanung von großer Bedeutung. Die Literatur [Wagn18] beschreibt die Planung im Anlagenbau, während [Kar20] die Kostenschätzung im Anlagenbau veranschaulicht. In diesem Fachbuch liegt der Fokus auf der Terminplanung im Anlagenbau, es bietet einen umfassenden Überblick über die verschiedenen Methoden und Techniken sowie Ansätze zur Erstellung von Terminplänen.

Die Terminplanungsschwerpunkte werden anhand von verfahrenstechnischen Anlagen erläutert, wie beispielsweise Destillationsanlagen. Eine schematische Darstellung einer solchen Anlage zeigt beispielhaft Abbildung 1.1. Die Errichtung einer Destillationsanlage erfolgt in der Regel nach einem klassischen Projektzyklus, der in die Phasen Planung, Beschaffung, Errichtung (Montage und Installation) und Produktion unterteilt werden kann. Basierend auf dieser Einteilung werden die Terminplanungsaktivitäten systematisch und detailliert beschrieben, die notwendig sind, um eine erfolgreiche Umsetzung des Projekts zu gewährleisten. Die Produktionsaktivitäten sind nicht mitberücksichtigt, da nach der Übergabe der Anlage an den Betrieb (Abteilungsbezeichnung für den Betreiber innerhalb des Unternehmens) die Projektaktivitäten abgeschlossen sind.

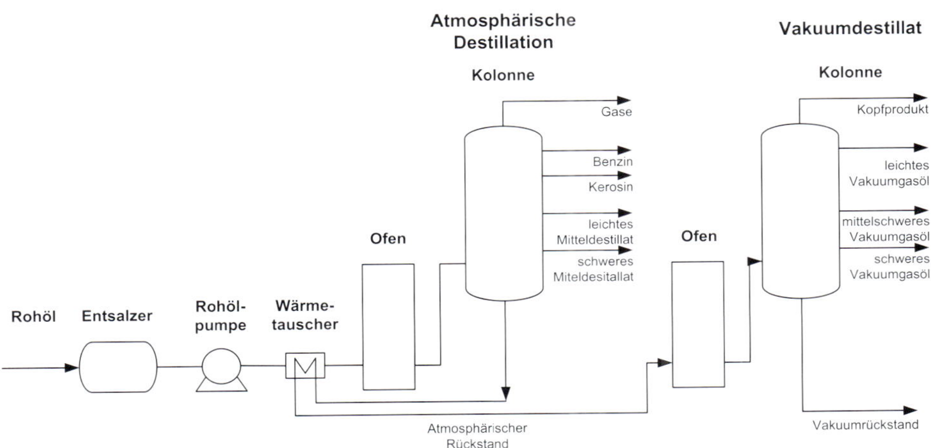

Abbildung 1.1: *Schematische Darstellung eines Destillationsprozesses nach [VDI2440]*

Die Einhaltung der Kosten (Kostenschätzung), der Termine (Terminplan) sowie der definierten Qualität (Produktlastenheft) bilden die Basis eines erfolgreichen Projektes und sind damit dessen essenzielle Bausteine. Dies gilt unabhängig von den Projektzielen (Anforderungen, Prioritäten, etc.), siehe u. a. auch in [FERN05] und [KALF14].

Der Terminplan ist vergleichbar mit einer Montaganleitung für ein Möbelstück. In der Montageanleitung wird strukturiert die Reihenfolge definiert, wie bei der Montage vorzugehen ist. Dasselbe trifft auf den Terminplan zu. Im Projektterminplan werden die einzuhaltenden Termine im Projekt dokumentiert, beispielsweise für das Engineering und Procurement sowie für Construction mit Testing und Pre-Commissioning. Diese folgen einer strukturierten Logik und geben auf die folgenden Kernfragen Antworten (siehe u. a. [BIEL13]):

- Welche Projektgesamtlaufzeit ergibt sich?
- In welcher Reihenfolge (Ablauf sequentiell oder parallel) müssen die Arbeitsschritte abgearbeitet werden?
- Wie lange dauern diese Arbeitsschritte und wer ist verantwortlich bzw. koordiniert diese?
- Welche Arbeitsschritte sind eng aufeinander getaktet?

Projektprozess im Anlagenbau

2

2.1 Projektphasen

Dieses Kapitel stellt die Projektphasen des Projektprozesses vor. Wie in der Abbildung 2.1 veranschaulicht, gliedert sich der Projektprozess in die Phasen Appraise, Select, Define, Execute und Operate, siehe u. a. auch [KBR18] und [MERR11]. In jeder dieser Phasen werden u. a. die drei Abschnitte Engineering (Planungsleistungen), Procurement (Equipment-und Materialeinkauf und -beschaffung) und Construction (Montage und Installation) betrachtet.

Die Appraise-Phase (FEL-1) wird auch Vorplanung genannt. Während dieser Phase wird für das Projekt zunächst eine Machbarkeitsstudie (Feasibility Report) erstellt, außerdem das Planungskonzept, eine ±50 %-Kostenschätzung sowie ein Terminplan (bestehend aus einem Level 1-Terminplan für das gesamte Projekt und einem Level 3-Terminplan für die nächste Projektphase Select sowie einem Level 2-Terminplan für die beiden übernächsten Phasen Define & Execute).

Zum Ende jeder Projektphase finden abschließende Gatereviews (Überprüfungen) statt. Hierbei werden die Planungsleistungen (Engineering), die Kostenschätzung (Cost Estimate) und der Terminplan (Schedule) konstruktiv hinterfragt. Bei Freigabe wird die nächste Projektphase gestartet.

Die zweite Phase wird als Select-Phase (FEL-2) bezeichnet, auf deutsch manchmal Verfahrensgrobplanung. Während dieser Phase werden für das Projekt auf Basis des Planungskonzeptes aus der Appraise-Phase verschiedene Varianten weiter ausgearbeitet, es werden grundlegende Planungen für das Projekt aufgestellt (Basis of Design, BoD bzw. Basic Design Package, BDP). Außerdem wird eine ±30 %-Kostenschätzung erstellt und der Terminplan wird aktualisiert und genauer ausgeführt – aufgestellt wird ein Level 3-Terminplan für die Define-Phase und ein Level 2-Terminplan für die Execute-Phase außerdem wird der Level 1-Terminplan für das gesamte Projekt aktualisiert. Zum Abschluss dieser Phase wird eine Entscheidung für eine der Projekt-Varianten getroffen.

Als dritte Phase eines Projektes folgt die Define-Phase (FEL-3, Verfahrensdetailplanung). Während dieser Phase wird für die in der Select-Phase gewählte Variante des Projekts eine Planung ausgearbeitet (Basic Design Engineering Package, BDEP). Die Planung beinhaltet eine ±10 %-Kostenschätzung sowie einen Terminplan (Level 3 für die Execute-Phase und die Aktualisierung des Level 1-Terminplans für das gesamte Projekt).

Nach dem erfolgreichen Abschluss der Define-Phase wird die finale Investitionsentscheidung (Final Investment Decision, FID) getroffen.

Die vierte Phase des Projekts wird Execute-Phase genannt. Hier findet in der Regel die Ausführungs- oder Detailplanung (Detail-Engineering) statt sowie Aktivitäten zur Beschaffung (Procurement), Construction (Bau und Installation) und Inbetriebnahme (Commissioning).

Nach der Übergabe der Anlage an den Betreiber folgt die Betriebsphase oder Operate-Phase.

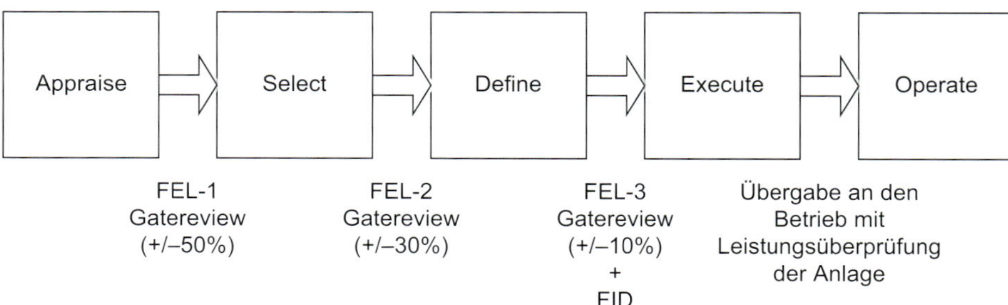

Abbildung 2.1: *Projektprozess*

Während die Kostenschätzung die Gesamtkosten des Projekts mit den zeitlichen Ausgaben zusammenfasst, dokumentiert der Terminplan alle Arbeitsschritte bzw. Aktivitäten für die Projektphasen, die zeitlich abzuarbeiten sind. Kapitel 3 stellt die Details für die Erstellung der Terminpläne in den entsprechenden Projektphasen vor.

2.2 Planungsdokumente

Die ersten drei Projektphasen (Appraise, Select und Define) werden auch als Front End Loading Phasen (FEL) bezeichnet. Gefolgt werden sie von der Execute-Phase mit dem Detailengineering, der Construction (Bau der Anlage) und dem Commissioning (Inbetriebnahme) sowie dem As-built (Aufnahme der neuen Ist-Situation in allen Dokumenten). Nach jeder FEL-Phase findet ein Gatereview statt. In diesem wird entschieden, ob das Projekt in die nächste Projektphase weitergeführt wird. Zum Ende der FEL-3 Phase wird endgültig entschieden, ob das Projekt bis zur Inbetriebnahme weitergeführt werden soll (Final Invest Decision, FID). Bei positiver Entscheidung geht das Projekt in das Detailengineering und in die Construction-Phase über.

Tabelle 2.1: *Projektphasen*

Projektphasen	Gatereview
Appraise (FEL-1)	1
Select (FEL-2)	2
Define (FEL-3)	3 + FID
Execute	Übergabe an den Betrieb mit Leistungsüberprüfung der Anlage
Operate	-

Die Phasen und die an ihrem Ende erfolgenden Gatereviews sind in Tabelle 2.1 zusammengestellt.

In jeder der Phasen werden bestimmte Planungsdokumente erstellt, die im Folgenden vorgestellt werden.

2.2.1 FEL-1: Appraise (Feasibility)

In der FEL-1-Phase sollten folgende Planungsdokumente für das Projekt erstellt werden (als Beispiele werden die entsprechenden Dokumente für die verfahrenstechnische Anlagen angegeben, die in Abbildung 1.1 zu sehen ist):

- Leistungsbeschreibung der Anlage, zum Beispiel der Durchsatz der Destillationsanlage (Leistungsumfang, Scope of Work),
- Leistungsbeschreibung des Engineering-Partners, bei der Destillationsanlage beispielsweise die Erstellung der Druckverlustberechnung oder der statische Nachweis von Rohrbrücken (Scope of Services),
- vorläufige Wärme- und Stoffbilanz (Heat and Material Balance),
- Blockflussdiagramm (Block Flow Diagram),
- vorläufige Equipment-Liste,
- vorläufiger Aufstellungsplan,
- Level 1-Terminplan (Milestone Plan), der alle Projektphasen dokumentiert,
- Level 3-Terminplan für die nächste Phase sowie Level 2-Terminplan für die Define- und Execute-Phase (Mindestanforderung ist Level 2 oder höher) und
- ± 50 %-Kostenschätzung.

Bei Projekten mit Outside Battery Limits (OSBL)-Anteil müssen zusätzlich die Rohrbrückenscope oder Sleeperscope sowie die Längen der Hauptrohrleitungen im OSBL-Bereich vorliegen.

Die Terminpläne mit unterschiedlichen Levels werden in Kapitel 3.5 genauer vorgestellt.

2.2.2 FEL-2: Select (Concept)

In der FEL-2-Phase sollten folgende Planungsdokumente für das Projekt erstellt werden:

- Aktualisierung der Leistungsbeschreibung der Anlage (Scope of Work),
- Aktualisierung der Leistungsbeschreibung des Engineering-Partners (Scope of Services),
- Wärme- und Stoffbilanz (Heat and Material Balance),
- vorläufiges Einliniendiagramm (Stromlaufplan),
- vorläufige Rohrleitungs- und Instrumentenfließschemata,
- vorläufiger Aufstellungsplan,
- Equipment-Liste (Anzahl und Typen der Equipments müssen fixiert sein),
- Equipment-Datenblätter,

- Anfragen für Budget-Angebote,
- vorläufige Rohrleitungsliste,
- vorläufige Einbindepunkteliste,
- Level 1-Terminplan (Milestone Plan), der alle Projektphase dokumentiert,
- Level 3-Terminplan für die nächste Projektphase sowie Level 2 für die Execute-Phase (Mindestanforderung ist Level 2 oder höher) und
- ±30 %-Kostenschätzung.

2.2.3 FEL-3: Define (FEED, Front End Engineering Design)

In der FEL-3-Phase sollten folgende Planungsdokumente für das Projekt erstellt werden:

- Aktualisierung der Leistungsbeschreibung der Anlage (Scope of Work),
- Aktualisierung der Leistungsbeschreibung des Engineering-Partners (Scope of Services),
- finales Einliniendiagramm (Stromlaufplan),
- finale Rohrleitungs- und Instrumentenfließschemata für Equipment und Hauptrohrleitungen,
- aktualisierte und finalisierte Wärme- und Stoffbilanz (Heat and Material Balance),
- finaler Aufstellungsplan,
- finale Equipment-Liste,
- finale Equipment-Datenblätter und Spezifikationen,
- Anfragen für Angebote mit einer Genauigkeit von ± 10 %,
- finale Rohrleitungsliste für produktführende Leitungen,
- finale Einbindepunkteliste für die produktführenden Leitungen,
- Level 1-Terminplan (Milestone Plan), der alle Projektphase dokumentiert,
- Level 3-Terminplan für die nächste Projektphase und
- ±10 %-Kostenschätzung.

2.2.4 Execute

In Execute finden die Detailengineering-, Einkauf-, Bau- und Montagearbeiten statt. Diese werden auf Basis des freigegeben Level 3-Terminplans abgearbeitet, insbesondere die Engineering- und Beschaffungsarbeiten.

Für die Bau- und Montagearbeiten wird in der Execute-Phase rechtzeitig vor Beginn der Arbeiten ein sogenannter Bau- und Montageterminplan (Level 4- bzw. Level 5-Terminplan) erstellt. Dieser basiert auf den finalen Ausführungsdokumenten (Approved for Construction, AFC-Dokumente) und dem Input der ausführenden Bau- und Montagepartner (Contractoren). Für die klassischen Bau- und Montagearbeiten in der Projektausführung reicht in der Regel ein Level 4-Bau- und Montage-Terminplan (die Terminplandetaillierungsbasis sind Tage oder Stunden). Findet die komplette Projektausführung oder Teile davon in einem Stillstand (Turnaround) statt, dann wird in der Regel ein Level 5-Terminplan (mit einer Terminplandetaillierungsbasis von Stunden) für die Stillstandsarbeiten favorisiert.

Abschließend erfolgt die Inbetriebnahme mit Leistungsüberprüfung der Anlage, bevor das Projekt abgeschlossen und die Anlage an den Betrieb übergeben wird. Basierend auf den Randbedingungen sowie dem Komplexitätsgrad der Inbetriebnahmearbeiten erfolgen diese auf Basis des Level 3-Terminplans. Ist die Detaillierung zu grob, ist rechtzeitig ein Terminplan Level 4 oder Level 5 für die Inbetriebnahmearbeiten in Zusammenarbeit mit dem Betrieb und den Inbetriebnahmeingenieuren zu erstellen.

2.2.5 Operate

Nach der Übergabe des Projektes bzw. der Anlage an den Betrieb am Ende der Execute-Phase beginnt die Operation-Phase, d. h. der Beginn der Produktion mit der neuen Anlage.

2.3 Projektpartner

Die Definition eines Projektes besteht darin, dass ein neues Vorhaben mit begrenzten Ressourcen innerhalb eines bestimmten Zeitraumes umgesetzt wird. Für den klassichen Fall initiiert der Kunde (Betreiber) den Bau einer neuen Anlage. Hierfür beauftragt er einen Engineeringpartner für die Planung und für die Organisation eines Projektteams. Das Projektteam setzt sich aus dem Kunden und dem Engineeringpartner zusammen, ggf. kommen noch externe spezialierte Dienstleister (3rd Party) dazu. Für die Planung ist der Engineeringpartner verantwortlich. Das Projektteam steuert und koordiniert alle Projektaktivitäten für die Planung, den Einkauf (mit den Lieferanten) sowie den Bau (mit den ausführenden Gewerken). Abbildung 2.2 veranschaulicht dieses Zusammenspiel der Projektpartner.

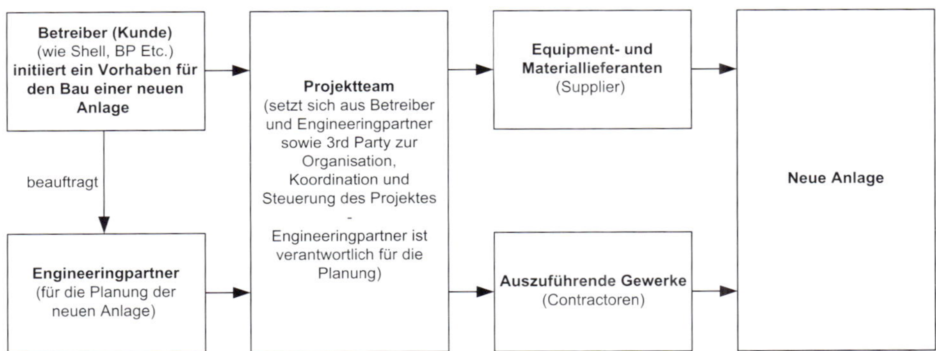

Abbildung 2.2: *Projektpartner*

Terminplanung im Projektprozess

3

Dieses Kapitel stellt die Aufgaben und Ziele der Terminplanung im Projektprozess vor. Außerdem werden die Begleitdokumente wie Schedule Plan (fasst die Vorgehensweise zur Terminplanerstellung zusammen) und Basis of Schedule (dokumentiert die Annahmen der Terminplanung) erläutert und der Aufbau von Terminplänen und die Terminplanarten detailliert vorgestellt.

3.1 Terminplanungsprozess

Fokus der Terminplanung ist es, die zeitliche Planung der einzelnen Bearbeitungsschritte und Aktivitäten (auch Vorgänge genannt) in den einzelnen Projektphasen zu entwickeln, zusammenzufassen sowie zu dokumentieren. Dieser Prozess gewährleistet:

- dass „nichts“ vergessen wird,
- eine strukturierte Abarbeitung der einzelnen Aktivitäten und
- die Messung der Projektperformances. Unter Projektperformance versteht man den Vergleich des aktuellen Status mit der Original- oder Sollplanung, welche nach den Gatereviews bei den Decision Gates freigegeben wurde.

Weitere Fragen, die mithilfe der Terminplanung beantwortet werden können, sind z. B.:

a) Werden die Business-Randbedingen eingehalten, wie z. B. der RFSU-Termin (Ready for Start-up – Fertig für die Inbetriebnahme)?
b) Sind die Verträge mit den EPC-Partnern (Engineering, Procurement, Construction) abgeschlossen?
c) Welche Aktivitäten bilden den kritischen Pfad? Der kritische Pfad ist der längste Projektpfad, der sich bildet, indem man die zu bearbeitenden Aktivitäten formal mit null Puffer aufreiht (siehe auf Kapitel 8.9).
d) Wie sieht der kritische Pfad aus?

Grundsätzlich darf die Terminplanung nicht mit einer To-Do-Liste verwechselt werden. Die Terminplanung dokumentiert und adressiert für das Projekt signifikante Punkte, zum Beispiel die Aktivität „Piping MTO (Material Take Off) erstellen" mit der Ressource Piping. Das ist ein umfangreicher Punkt, welcher im Wesentlichen den Leistungsumfang im Projekt für die Fachabteilung Piping beschreibt. Der Piping-Ingenieur kennt alle Details, überprüft und initiiert alle Subaktivitäten dieses Punktes, wie z. B.:

- Liegen alle Randbedingungen für die Erstellung des Piping MTOs vor?
- Wird das MTO in einer Liste und oder ggf. mehreren Listen erfasst (z. B. getrennt nach Rohren und Ventilen)?
- Werden für unterschiedliche Werkstoffe unterschiedliche Listen erstellt?

Die Entwicklung des Terminplans ist nicht die alleinige Aufgabe des Terminplaners. Der Terminplan wird gemeinsam im Projekt mit allen Beteiligten in einem sogenannten Interactive Planning Meeting entwickelt. Für dieses Meeting bereitet der Terminplaner die Grundlagen vor und im Meeting werden:

- die fehlenden Aktivitäten hinzugefügt,
- die Plausibilität überprüft sowie
- die Schnittstellen zwischen den Fachabteilungen sowie mit anderen Projekten und/oder anderen Bereichen abgestimmt.

Terminplanbegrifflichkeiten werden ausführlich im Kapitel 8 behandelt. Zur besseren Verständlichkeit werden in diesem Abschnitt bereits zwei Begriffe verwendet: zum einen der Begriff Aktivität bzw. Vorgang und der Begriff Meilenstein. Ein Vorgang wird durch einen Startzeitpunkt, eine Aktion und einen Endzeitpunkt definiert, siehe Abbildung 3.1. Zu dem Vorgang können noch zusätzliche Merkmale wie Ressourcen, Kosten etc. definiert werden.

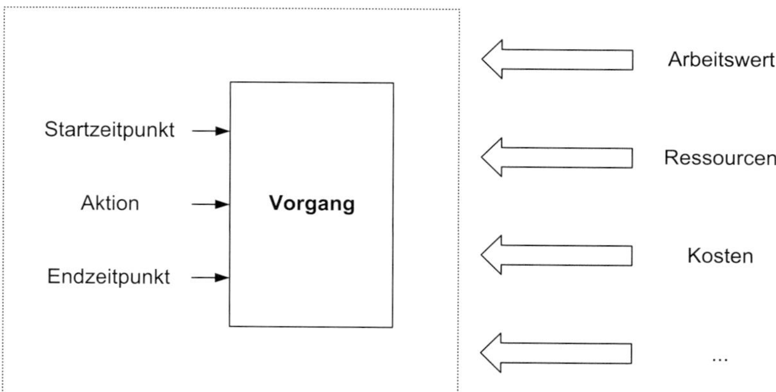

Abbildung 3.1: *Vorgang*

Ein Meilenstein hingegen ist sozusagen ein Vorgang mit der Dauer null. Die Dauer ist die Differenz zwischen Endzeitpunkt und Startzeitpunkt, siehe hierzu u. a. [THEP23].

3.2 Schedule Plan

Im Schedule Plan wird für jede Fachabteilung einzeln aufgelistet, welche Planungsdokumente für den Terminplan in welcher Detailtiefe zu erstellen sind. Darüber hinaus ist zu beschreiben, welche Quellen für welchen Inhalt heranzuziehen sind, z. B. In-house Daten und/oder Lieferzeiten für Rohrmaterial (Rohre, Fittings und Flansche etc.). Außerdem muss der Schedule Plan eine Terminschiene vorgeben, wie Tabelle 3.1 exemplarisch darstellt.

Wichtig ist, dass der Schedule Plan mit dem Projektteam abzustimmen und freizugeben ist. Darüber hinaus sollte der Schedule Plan zu Beginn jeder Projektphase erstellt und freigegeben werden, damit alle Beteiligten sich vorbereiten können.

Im Anhang A.2 befindet sich ein Template für einen Schedule Plan.

Tabelle 3.1: *Beispiel für einen Schedule Plan*

Beschreibung	Zuständigkeit	Enddatum	Kommentar
Freigabe des Schedule Plans durch das Projektteam	Projektleiter	11.01.2022	
Scope-Listen, wie: - Equipment-Liste - Rohrleitungsliste - Einbindepunkteliste - Rohrleitungs- und Instrumentenfließschemata, - Blockflussdiagramm	Verfahrenstechnik	20.02.2022	Mit Projektfreigabe
Aufstellungsplan	Anlagen- bzw. Rohrleitungsbau	20.02.2022	Mit Projektfreigabe
Stromlaufplan	E-Technik	20.02.2022	Mit Projektfreigabe
Instrumenten-Index	Messen, Steuern, Regeln (MSR)	20.02.2022	Mit Projektfreigabe
Start des Terminplans		20.02.2022	
Übersendung der Material Take-Offs bzw. Mengenauszüge (MTOs) an Scheduling, wie: - Rohrleitungsbau - Bauwesen - E-Technik - MSR - Kran- & Gerüstbau	Fachabteilung & Projektleiter	20.02.2022	Mit Projektfreigabe
Endtermin zum Erhalt aller Angebote gemäß Estimating Plan	Fachabteilung & Projektleiter	05.03.2022	Mit technischer Überprüfung der Fachgewerke
Einarbeiten der Montage/Demontage- bzw. Installationsstunden gem. Kostenschätzung (bis einschließlich Define; in Execute basieren die Montage/Demontage- bzw. Installationsstunden auf Informationen der ausführenden Firmen (AFC-Dokumente))	Estimation / Scheduler / CM	05.03.2022	

Tabelle 3.1: Beispiel für einen Schedule Plan – Fortsetzung

Beschreibung	Zuständigkeit	Enddatum	Kommentar
Übergabe der Stundenschätzungen der Engineering-Fachabteilungen	Fachabteilung & Projektleiter	07.03.2022	Mit Projektfreigabe
Interactive Planning Session	Fachabteilung & Projektleiter	15.03.2022	Mit Projektfreigabe
Project Team Review	Scheduling	22.03.2022	Mit Projektfreigabe
Terminplan-Review mit internem Management	Scheduling	23.03.2022	Mit Projektfreigabe
Übersendung des Terminplanplans an alle Beteiligten	Scheduling	26.03.2022	Nach Erhalt der Managementfreigabe

3.3 Basis of Schedule

Das Basis of Schedule (BoS) bzw. Schedule Premisses dient im Wesentlichen den folgenden Aufgaben:

- Kurzvorstellung des Projektinhaltes und des Projektziels,
- Beschreibung der verwendeten Planungsdokumente und
- Beschreibung der Annahmen und Ausschlüsse, welche in dem Terminplan getroffen worden.

Der BoS muss mindestens folgende Bestandteile beinhalten, damit der Terminplan plausibel und transparent ist:

- Kurzvorstellung des Projektinhaltes und des Projektziels,
- Kurze tabellarische Zusammenfassung der Änderungen gegenüber der Vorphase (wenn vorhanden) oder Revision, mit der Einteilung in die nachfolgenden Kategorien:
    - Neubewertung (neue Angebote, neue Material Take-Offs (Stücklisten), aber alles bei gleichem Scope),
    - Projektumfangsreduzierung,
    - Projektumfangserweiterung sowie
    - Leistungstransfer zu einem anderen Projekt:
    - Verweis auf die Planungsdokumente, die als Grundlage dienten (in Abhängigkeit von der Projektphase), wie
        - Aufstellungspläne,
        - Rohrleitungs- und Instrumentenfließschemata,
        - Isometrien,
        - Fundamentzeichnungen,
        - Angebote,
        - Equipment-Listen,
        - Materialauszüge der Gewerke und
        - Gerüst- und Kranaufstellungspläne inkl. Standzeit und Bedarfsrechnung für ein Stand-by-Team für den Gerüstbau;

- Beginn der Einkaufsaktivitäten,
- Baubeginn und -ende,
- Auflistung der Key Quantities (Schlüsselmengen der einzelnen Gewerke),
- Key Milestones,
- Organigramm,
- Risiken sowie
- projektspezifische Informationen.

Anhang A.3 fasst ein Template des Basis of Schedules zusammen.

3.4 Projektlaufzeiten

Vor dem Aufsetzen eines Terminplans ist es wichtig, die ungefähre Projektdauer bzw. Projektlaufzeit zu kennen oder abzuleiten. In der Regel ist diese durch die Projektrandbedingungen vorgegeben, beispielsweise durch:

- Businessziele,
- kritische Equipment-Lieferzeiten und
- Einhalten von Stillstands-Terminen.

Die aus den Projektrandbedingungen abgeleitete Projektlaufzeit ist auf Plausibilität zu prüfen, um die grobe Projektphasenklassizifizierung abzuleiten. Tabelle 3.2 dokumentiert hierfür zur Hilfestellung die Projektlaufzeiten in Abhängigkeit vom Projektbudget. [Resc15] beschreibt Projektlaufzeiten von drei bis vier Jahren für Projektbudgets von 100 M€ bis 700 M€. [Buch13] behandelt Projektlaufzeiten von ein bis vier Jahren für Projektbudgets von 5 M€ bis 1200 M€. Weitere Informationen über Projektlaufzeiten findet man in [Fing90]. Hier werden Projektbudgets von ca. 3,5 M€ bis ca. 15 M€ für Projektdauern von 27 Monate bis 48 Monate dokumentiert.

Tabelle 3.2: *Typische Projektlaufzeiten in Abhängigkeit von Projektbudgets (Literaturwerte, dienen zur groben Orientierung)*

Projektbudget	Projektlaufzeit	Bemerkung
bis 1 M€	12 Monate	
1 M€ bis 10 M€	24 Monate	
10 M€ bis 50 M€	36 Monate	
50 M€ bis 150 M€	48 Monate	
mehr als 150 M€	> 48 Monate	

Die Projektlaufzeiten sind signifikant von dem Unternehmen, dem Projektscope und der aktuellen Unternehmensinfrastruktur abhängig. Große Unternehmen mit hervorragender Infrastruktur, mit Rahmenvertragslieferanten für Equipment und Bulkmaterial sowie ausführenden Rahmenvertragsfirmen und Kontraktoren können einen Projektscope effizienter umsetzen als Unternehmen, die diese Vorteile nicht aufweisen. Aus diesen Randbedingungen resultieren dann für den nahezu gleichen Scope signifikant kürzere Projektlaufzeiten.

Die Projektlaufzeiten können grob auf die einzelnen Projektphasen wie folgt aufgeteilt werden:

- FEL-Phase: $\frac{1}{3}$ Projektlaufzeit und
- Execute-Phase $\frac{2}{3}$ der Projektlaufzeit.

Die Aufteilung der FEL-Phase in Select- und Define-Phase kann grob im gleichen Verhältnis getroffen werden.

Bei einer vorgegebenen Projetlaufzeit von ca. 36 Monate ergeben sich damit folgende Projektphasen:

a) Select: ca. 4 Monate ($\frac{1}{3}$ der kombinierten Select- und Define-Laufzeit)
b) Define: ca. 8 Monate ($\frac{2}{3}$ der kombinierten Select- und Define-Laufzeit)
c) Execute: ca. 24 Monate ($\frac{2}{3}$ der kombinierten Select-, Define- und Execute-Laufzeit)

Die Appraise-Phase wird in der Regel nicht zur Projektlaufzeit gezählt, da hier teilweise konzeptionelle Fragestellungen beantwortet werden müssen, wie z. B. mögliche Patentanmeldungen. Diese kann mehrere Monate bis zu Jahren dauern.

3.5 Terminplanarten

Es gibt in der Literatur keine allgemeingültige Einteilung, welche Terminplanelemente und -eigenschaften in den einzelnen Terminplanarten bzw. -levels zu berücksichtigen sind. Daher haben die Autoren in diesem Fachbuch eine mögliche Einteilung vorgenommen, die sich in der Praxis bewährt hat.

Tabelle 3.3: *Terminplanarten, siehe u. a. in [Kalf14]*

Terminplanbezeichnung	Terminplanart	Terminplandetaillierungsbasis	Terminplanupdate	Terminplaneingenschaft
Level 1	Milestone Plan (Basis-Terminplan, Management-Terminplan)	Jahre / Monate / Wochen (abhängig von der Projektdauer)	wird zum Beginn des Projektes erstellt und wird immer upgedatet, sobald sich die Milestones aufgrund der Projektaktivitäten ändern	- stellt den Projektlebenszyklus dar, - ist für das obere Management bestimmt, um das Projekt bzw. die Projekte und/oder das Projektportfolio zu koordinieren, - stellt die wichtigsten Vertragstermine dar, - stellt die Meilensteine (wie z. B. Kick-off Meeting) dar, - Gesamtdauer für Engineering, Procurement, Construction sowie Testing und Pre-Comissioning steht im Fokus.

Tabelle 3.3: *Terminplanarten, siehe u. a. in [KALF14] – Fortsetzung*

Termin-planbe-zeichnung	Terminplanart	Terminplande-taillierungsbasis	Termin-planupdate	Terminplaneingenschaft
Level 2	Gesamtterminplan auf Fachabteilungsebene (Terminplan für das mittlere Managements)	Monate / Wochen / Tage (abhängig von der Projektdauer)	wird zum Beginn des Projektes erstellt und wird immer upgedatet, sobald die abgebildeten Aktivitäten sich aufgrund der Projektaktivitäten ändern	- stellt den Projektlebenszyklus dar, - ist für das mittlere Management bestimmt, - übergeordnete Terminplanaktivitäten auf Fachabteilungsebene werden dargestellt, - bildet die Basis für das Terminplanmodell, um z. B. Cost Schedule Risiko Analysen (CSRA) durchzuführen
Level 3	Detail Terminplan (klassischer Terminplan mit den Schwerpunkten Engineering, Procurement, Construction, stellt auf Fachabteilungsebene die Aktivitäten zur Steuerung des Projekts dar)	Wochen / Tage (abhängig von der Projektdauer)	monatlich / wöchentlich	- stellt den Projektlebenszyklus dar: die aktuelle Phase in Level 3 und die nächsten Phasen in Level 2, - ist für das Projektmanagement sowie für die Fachingenieure bestimmt
Level 4	Bau- und Montageterminplan (für klassische Baustellen ohne Projektstillstandsaktivitäten)	Tage / Stunden	wöchentlich / täglich / stündlich	- stellt die Bau- und Montageaktivitäten dar, - ist für Construction und Projekt-Management sowie Fachbauleiter bestimmt, - ist für die klassische Baustelle ohne Projektstillstandsakivitäten vorgesehen
Level 5	Bau- und Montageterminplan (für klassische Baustelle mit Projektstillstandsaktivitäten)	Stunden	täglich / stündlich	- stellt die Bau- und Montageaktivitäten dar, - ist für Construction und Projekt-Management sowie Fachbauleiter bestimmt, - ist für die klassische Baustelle mit Projektstillstandsaktivitäten vorgesehen

Tabelle 3.3 fasst die Terminplanarten zusammen. Hierbei wird zwischen fünf verschiedenen Terminplanarten unterschieden.

Die Spalte ***Terminplanbezeichnung*** gibt die Terminplanlevels vor. Die weiteren Spalten dokumentieren nähere Details und Eigenschaften der einzelnen Terminpläne.

Der Terminplan Level 1 (Milestone-Plan) dokumentiert die Projektmilestones für das höhere Management, wohingegen der Terminplan Level 2 sich an das mittlere Management richtet und auf Fachabteilungsebene die Aktivitäten zusammenfasst, also eine Art „Zusammenfassungsbalken für die Fachgruppenleiter (Head of Disciplines)" ist. Der klassische Projektterminplan mit all seinen Aktivitäten wird im Terminplan Level 3 aufgebaut. Dieser Terminplan richtet sich an die Fachingenieure. Der Terminplan Level 3 bildet dann die Basis, aus dem Terminpläne der Level 2 und 1 abgeleitet werden. Da die Genauigkeit (Terminplandetaillierungsbasis) der Bauaktivitäten in dem Terminplan Level 3 zu gering ist, stellt man in der Execute-Phase des Projektes einen Level 4- oder Level 5-Terminplan für die Bauaktivitäten auf, einen sogenannten Bau- und Montageterminplan. Diese Pläne lassen sich auch durch die Erweiterung des Level 3-Terminplans über die Bauaktivitäten hinaus mit den entsprechenden Informationen, Randbedingungen sowie dem aktuellen Projektstatus bzw. entsprechend dem Projektfortschritt erreichen.

Basis für die Bau- und Montageterminpläne sind wiederum die entsprechenden Terminpläne der Bau- und Montagepartner (Kontraktoren, Ausführungspartner oder Rahmenvertragspartner). Diese können ihre Bau- und Montageterminpläne erst nach Fertigstellung des Detailengineeringspakets anfertigen, welches i. d. R. vom Engineering-Partner bearbeitet wird. Intensive Abstimmungsgespräche zwischen den Projektbeteiligten und den Bau- und Montagepartnern sind daher wichtig, insbesondere mit dem Construction Management bzw. der Bauleitung und dem Scheduler.

In der Regel sind Bau- und Montageterminpläne erst in der Execute-Phase erforderlich, insbesondere in der Bau- und Montagephase. In einigen Projekten kann der Bauabschnitt auch früher anfangen, z. B. bei Projekten zur Demontage von Anlagen oder zur Baustellenvorbereitung.

Die Unterscheidung zwischen Level 4 und 5 beruht darauf, ob in dem Projekt Stillstandsaktivitäten auftreten. Level 4-Terminpläne kommen in der Regel für Projekte ohne Stillstandsaktiväten (Revisionsstillstände bzw. TÜV-Stillstände) zum Einsatz. Für Projekte mit Stillstandsaktiväten werden Terminpläne des Levels 5 aufgrund ihrer Genauigkeit favorisiert. Für den Terminplan Level 4 siehe u.a. auch die Definition in [THEP15].

Tabelle 3.4: *Terminplanarten – Decision Gate*

Projektphase	Decision Gate	Bemerkung
Terminplan Level 1	DG1, DG2 und DG3	
Terminplan Level 2	nach Absprache	
Terminplan Level 3	DG1, DG2 und DG3	- Der Level 3-Terminplan ist für die zu prüfende Projektphase mit der Level 3-Genauigkeit (Terminplandetaillierungbasis) anzufertigen. - Für die darauffolgende Projektphase ist die Genauigkeit Level 2 ausreichend. - Der kritische-Pfad-Terminplan ist ebenfalls anzufertigen.
Terminplan Level 4	nach DG3	vor Baubeginn
Terminplan Level 5	nach DG3	vor Baubeginn

Bei den Decision Gates werden jeweils bestimmte Terminplanarten konstruktiv kritisch geprüft (reviewed) und freigegeben (approved). Diese sind in Tabelle 3.4 zusammengefasst.

3.5.1 Level 1-Terminplan (Milestone Plan)

Abbildung 3.2 stellt schematisch einen Level 1-Terminplan (Milestone Plan) dar. In einem solchen Level 1-Terminplan werden die Hauptaktivitäten des Projektes in den einzelnen Projektphasen dargestellt.

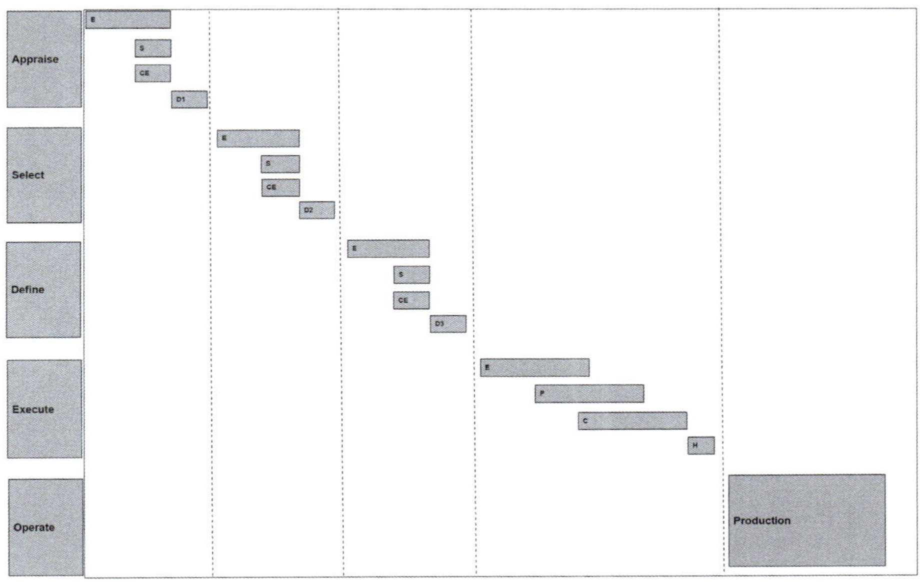

Abbildung 3.2: *Level 1-Terminplan (Milestone Plan)*

E: Engineering (Planung)
S: Schedule (Terminplan)
CE: Cost Estimation (Kostenschätzung)
D: Decision Gate
P: Procurement (Equipment und Materialbeschaffung)
C: Construction (Montage und Installation)
H: Handover (Übergabe an den Betrieb)

Von Appraise bis Define sind diese Hauptaktivitäten in der Regel: Engineering, Terminplanung, Kostenschätzung sowie der Milestone Decision Gate. In Execute kommen für die klassische Planung noch die Aktivitäten Procurement und Construction hinzu, gefolgt von dem Milestone Handover nach dem Performance Test. Nach dem Handover ist das Projekt abgeschlossen und die Fachabteilung Betrieb übernimmt das Projekt bzw. die Anlage.

3.5.2 Level 2-Terminplan (Gesamtterminplan auf Fachabteilungsebene)

Der Level 2-Terminplan ist detaillierter als der Level 1-Terminplan. Abbildung 3.3 zeigt ein Beispiel eines solchen Level 2-Terminplans. Wie zu sehen, werden hier die wichtigsten Aktivitätsbereiche abgebildet. Genauer sind dann die Detailterminpläne, wie z. B. der Level 3-Terminplan. Zur besseren Übersichtlichkeit wird in Abbildung 3.3 nur das Engineering einer Phase, der Select-Phase dargestellt. In derselben Struktur sind die weiteren Projektphasen wie Appraise oder Define aufzubauen.

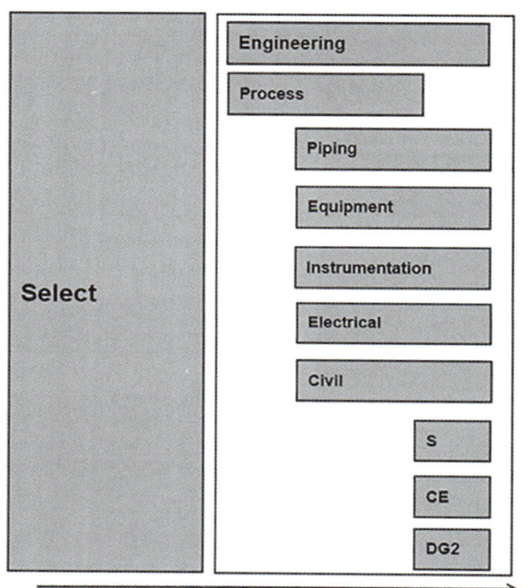

Abbildung 3.3:
Level 2-Terminplan (Gesamtterminplan auf Fachabteilungsebene)

Hierbei sind die Schlüsselbereiche des Engineerings „herangezoomt" abgebildet. Die Fachabteilung Process startet und stellt beispielsweise Wärme- und Massenbilanz auf. Nach Vorliegen von entsprechenden Teilergebnissen können die übrigen Fachabteilungen wie Piping, Equipment, MSR (Messen, Steuern, Regeln), Electrical oder Civil (Bauwesen) auch mit ihren Bemessungsleistungen beginnen. In den Terminplänen ist der Austausch nicht dargestellt. In regelmäßigen Meetings werden die Ergebnisse vorgestellt und die erforderlichen Ergebnisse ausgetauscht. Beispielsweise braucht Civil die Gewichte der Equipments.

Die Engineering-Aktivität in der Abbildung 3.3 ist wie ein „Sammelbalken" zu betrachten. Der Anfang dieses Sammelbalkens wird mit dem Start der ersten Aktivität von Engineering verknüpft und das Ende mit dem Ende von deren letzter Aktivität. Damit repräsentiert dieser Sammelbalken die komplette Dauer von Engineering in Select.

3.5.3 Level 3-Terminplan (Detail-Terminplan)

Tabelle 3.5 stellt beispielhaft mögliche Aktivitäten für einen Level 3-Terminplan zusammen. Zur besseren Übersichtlichkeit wird nur der Bereich Piping dargestellt. Ein Anspruch auf Vollständigkeit besteht nicht. Es wird das Prinzip des Level 3-Terminplans ohne die grafische Visualisierung durch Balken gezeigt.

Tabelle 3.5: *Level 3-Terminplan (Detail-Terminplan), insbesondere für Piping*

Projektphase / Fachabteilung	Projektaktivität	Bemerkung
Appraise		
- Process		
	Wärme- und Stoffbilanz	
	Druckverlustberechnung	
	Process Flow Diagram	
	Medien-Liste (Liste der Stoffe, die durch die Rohrleitungen fließen werden)	
	Rohrklassenbestimmung	
- Piping		
	Line list	
	Plot plan	
Select		
- Process		
	Wärme- und Stoffbilanz	
	Druckverlustberechnung	
	P&ID (Process und Instrumentation Diagramm)	
	Plot Plan	
	Medien-Liste	
	Rohrklassenbestimmung	
- Piping		
	Line List	
	Plot Plan	
	MTO für Hauptleitungen (Material- und Stücklisten)	
- MSR		
	Instrumentenindex	
Define		
- Process		
	Wärme- und Stoffbilanz	
	Druckverlustberechnung	
	P&ID	

Tabelle 3.5: Level 3-Terminplan (Detail-Terminplan), insbesondere für Piping – Fortsetzung

Projektphase / Fachabteilung	Projektaktivität	Bemerkung
	Medien-Liste	
	Rohrklassenbestimmung	
- Piping		
	Line List	
	Plot Plan	
	Stressberechnungen (Hauptleitungen)	
	3D-Modell	
	SUs	
	MTOs	
- MSR		
	Instrumenten-Index	
- Civil		
	3D-Modell	
	SUs und Verstärkungen	
Execute		
- Process		
	Wärme- und Stoffbilanz	
	Druckverlustberechnung	
	P&ID	
	Medien-Liste	
	Rohrklassenbestimmung	
- Piping		
	Line List	
	Plot Plan	
	Stressberechnungen	
	3D-Modell	
	SUs	
	Ausschreibungsunterlagen für die Piping-Montage	
	MTOs	
- MSR		
	Instrumenten-Index	
- Civil		
	3D-Modell	
	SUs und Verstärkungen	

3.5.4 Level 4-Terminplan (Bau- und Montageterminplan ohne Stillstandsaktivitäten)

Der Level 4-Terminplan beschreibt vor allem den Abschnitt Construction in der Execute-Phase des Projekts. Im Vergleich zu Terminplänen der Level 1, 2 und 3 ist dieser detaillierter und gibt die Construction-Aktivitäten wieder. Diese werden in Zusammenarbeit mit den ausführenden Partnern geplant.

In der Regel wird in dieser Phase jeden Tag ein Construction Meeting abgehalten, bei dem das Construction Management des Kunden (der planenden Firma) sich mit den Fachbauleitern trifft. Hierbei werden der Status, Fortschritte und die nächsten Aktivitäten besprochen.

Größte Aufmerksamkeit liegt in der Analyse des IST-Plans bzw. der IST-Kurve im Vergleich mit dem SOLL-Plan bzw. der SOLL-Kurve. Bei Abweichungen müssen potenzielle Risiken erkannt werden und sind ggf. Gegenmaßnahmen zu ergreifen.

Die Genauigkeit des Terminplans (Terminplandetaillierungsbasis) ist wöchentlich bis täglich. Der Terminplan wird auch wöchentlich bis täglich upgedatet.

Abbildung 3.4 stellt einen typischen Level 4-Terminplan ohne Stillstandsaktivitäten vor.

3.5.5 Level 5-Terminplan (Bau- und Montageterminplan mit Stillstandsaktivitäten)

Ein Level 5-Terminplan wird für Baustellen mit Stillstandsaktivitäten aufgestellt. Im Vergleich zum Level 4-Terminplan ist seine Genauigkeit höher, täglich bis stündlich. Das Update erfolgt ebenfalls täglich bis stündlich.

Abbildung 3.5 stellt einen typischen Level 5-Terminplan mit Stillstandsaktivitäten dar.

3.6 Terminplanentwicklung – Top-Down vs. Bottom-Up

Bei der Terminplanentwicklung wird zwischen Top-Down-Ansatz und Bottom-Up-Ansatz unterschieden. Beim Top-Down erfolgt die Planung vom Allgemeinen zum Einzelnen, dagegen erfolgt die Planung beim Bottom-Up Ansatz vom Einzelnen zum Allgemeinen.

[Wuer17] hingegen definiert die Top-Down-Planung oder Rückwärtsterminierung als eine Planung vom Ziel zum Start. Hierbei wird vom Betrieb der Anlage zurück zum Projektstart bzw. zur Projektentscheidung geplant. Bei der Bottom-Up Planung bzw. Vorwärtsplanung hingegen wird vom Start zum Ziel geplant. Hierbei wird vom Projektstart bzw. von der Projektentscheidung zum Betrieb der Anlage geplant.

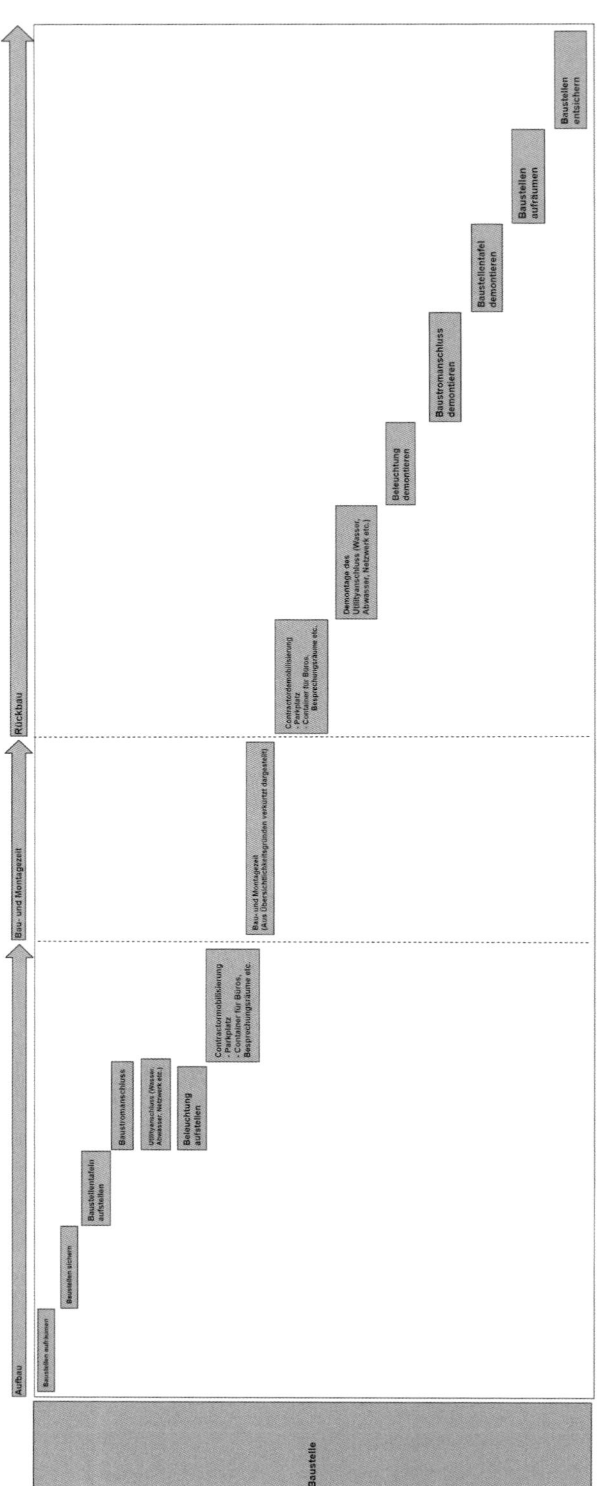

Abbildung 3.4 *Level 4-Terminplan (Bau- und Montageterminplan ohne Stillstandsaktivitäten)*

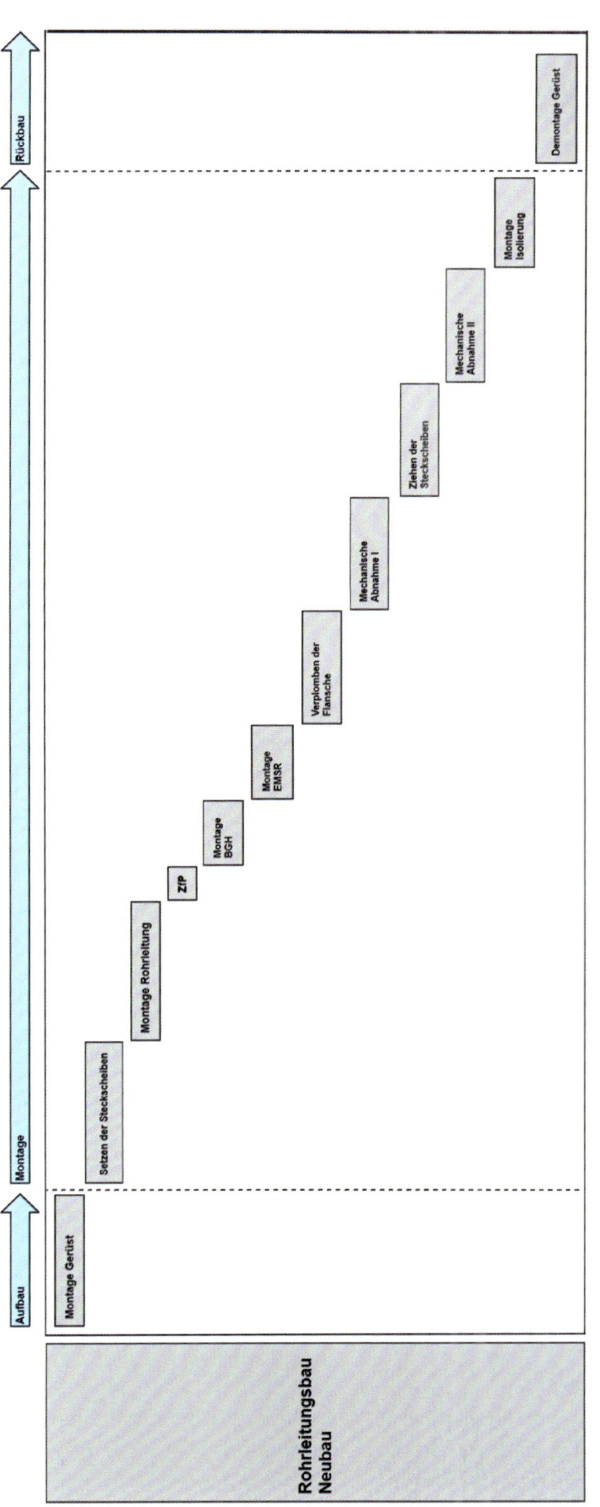

Abbildung 3.5 *Level 5-Terminplan (Bau- und Montageterminplan mit Stillstandsaktivitäten)*

3.7 Ausführungsdauern und Vorgangsdauern

Für die Vorgangsdauerbestimmung gibt es mehrere Ansätze:

Ansatz 1

Vorgangsdauer = Anzahl der Monteure (Installateure bzw. Full Time Employees (FTEs)) × Zeit (abgeschätzte Zeit zur Montage bzw. Installation des entsprechenden Vorganges)

Die Anzahl der Monteure und die veranschlagte Zeit ist mit dem Ausführungspartner, insbesondere mit dessen Bauleitung und/oder Arbeitsvorbereitung abzustimmen.

Ansatz 2

[DACE18] stellt Zeitwerte für klassische Aktivitäten des Anlagenbaus zusammen. Auf Basis dieser Zeitwerte und der Information über die Anzahl der Monteure kann die Vorgangsdauer bestimmt werden. Die Information über die Anzahl der Monteure ist mit dem Construction-Management oder der Fachbauleitung abzustimmen.

Anhang A.4 gibt eine Zusammenfassung der Fachgewerke, für die [DACE18] die Arbeitswerte zusammenstellt.

Ansatz 3

Linde ist in der Industrie bekannt für Arbeitswerte für den Rohrleitungsbau im Anlagenbau. Man spricht von sogenannten Lindefaktoren Allerdings wird von Linde hierzu keine öffentlich zugängliche Literatur herausgegeben, man muss (und kann) diese Faktoren kaufen.

Ansatz 4

Im Anhang dieses Fachbuches werden verschiedene Arbeitswerte aus der Literatur mit der entsprechenden Referenz dokumentiert.

Ansatz 5

Viele größere Unternehmen haben unternehmensspezifische Standards sowie Rahmenverträge mit den Rahmenvertragspartnern. In beiden Dokumentenpaketen werden die Arbeitszeitwerte dokumentiert, woraus sich die Vorgangsdauern ableiten lassen.

3.8 Arbeitszeitwerte und Kosten

Arbeitszeitwerte und die daraus folgenden Kosten lassen sich nach mehreren Ansätzen bestimmen:

a) **Rahmenvertrag**
   Hier ist das Vorgehen ähnlich wie im Ansatz 5 aus Abschnitt 3.7 bei der Bestimmung der Ausführungsdauern. In der Regel sind die Arbeitszeitwerte in den Rahmenverträgen gegeben. Auf Basis dieser Werte und der Anzahl der Arbeitskräfte können die Kosten sowie die Vorgangsdauern hergeleitet werden.

b) Pauschal
Bei einem pauschalen Ansatz stimmen sich der Construction Manager und/oder der Fachbauleiter des Projektes mit den ausführenden Partnern über die Dauer und Kosten der entsprechenden Aktivitäten bzw. Vorgänge ab. Andere Randbedingungen wie die Anzahl der Arbeitskräfte werden ebenfalls mit ausgetauscht. Die Dauer und die daraus abzuleitenden Vorgangsdauern sind die wichtigsten Parameter für die Terminplanung.

c) Aufwand
Bei komplexen Aktivitäten einigen sich der Construction Manager und/oder der Fachbauleiter des Projektes mit den ausführenden Partnern, die Dauer und die zugehörigen Kosten nach Aufwand zu bestimmen. Komplexe Aktivitäten liegen z. B. vor, wenn in beengten Verhältnissen gearbeitet wird oder wenn ein Risiko besteht, z. B. weil der Untergrund bei Erdarbeiten unklar ist. Auch hier werden andere Randbedingungen wie die Anzahl der Arbeitskräfte mit ausgetauscht. Für die Terminplanung werden ein oder mehrere Aufwandswerte nach Erfahrungswissen des Construction Managers und/oder des Fachbauleiters abgeschätzt. Diese abgeschätzten Werte werden je nach Status und Projektfortschritt regelmäßig im Terminplan upgedatet.

Bei allen Ansätzen verfährt man nach der folgenden Basisrechnung:

Arbeitszeitwert = Anzahl der Arbeitskräfte × Anzahl der Arbeitstage × Stunden pro Arbeitstag

geteilt durch

Arbeitsvolumen

Folgendes Beispiel soll die Vorgehensweise veranschaulichen.

Gegeben:
Anzahl der Arbeitskräfte: 10 Arbeitskräfte
Anzahl der Arbeitstage: 5 Arbeitstage
Stunden pro Arbeitstag: 10 Stunden
Stahlbautonnage: 100t

Gesucht:
Arbeitszeitwert

Lösung:
Arbeitszweitwert $= \frac{10 \times 5 \times 10}{100}$

$= 100 \frac{h}{t}$

In diesem Fachbuch werden die Kosten nur untergeordnet besprochen, der Schwerpunkt ist die Terminplanung. Für Kostenaspekte wird auf [Kar20] verwiesen.

3.9 Vorüberlegungen zur Erstellung des Terminplans

Die meisten Terminpläne werden heutzutage mithilfe von Softwaresystemen erstellt, beispielsweise Primavera© von Oracle oder Microsoft Project© von Microsoft. Bevor die ersten Aktivitäten in diesen Systemen erfasst werden, ist es wichtig, einige Vorüberlegungen zur Erstellung des Terminplans anzustellen.

a) Ziel

Das Ziel des Projektes sollte jedem klar sein, insbesondere dem Terminplaner, damit er bei der Erstellung des Terminplans sich selbst und das Projektteam immer konstruktiv kritisch hinterfragen kann.

b) Projektlaufzeit bzw. Projektdauer

Die komplette Projektdauer resultiert aus der Terminplanung. Der kritische Pfad (siehe Kapitel 8.9) gibt die Gesamtprojektdauer an. Trotzdem ist es von Vorteil, im Vorfeld zu wissen:

- Welches Ziel zur Projektlaufzeit hat das Management vorgegeben?
- Wie lange haben Projekte dieser Kategorie (Scope und Budget) in der Vergangenheit gedauert?
- Gibt es Benchmarkwerte aus der Literatur?

Diese Projektlaufzeit ist dann grob auf die einzelnen Projektphasen aufzuteilen, siehe hierzu auch Abschnitt 3.4.

c) Vorgänge mit den Ressourcen bzw. Gewerken sowie deren Anzahl

Jedes Projekt wird nach dem gleichen Schema entwickelt. Grundsätzlich sind die Aktivitäten also ähnlich, d. h. eine Grundstruktur der Aktivitäten ist bereits aus vorherigen Projekten und/oder aus Erfahrungswerten bekannt. Dies trifft auch für die Ressourcen zu.

d) Ermittlung von Mengen und Massen

Auch für den Terminplaner ist es wichtig, die Mengen und Massen zu kennen. Hiermit lassen sich auf Basis von Erfahrungswerten oder Literaturstellen die Vorgangsdauern und die Anzahl der Ressourcen abschätzen. In der Regel werden die Mengen und Massen durch das Engineering bestimmt und dokumentiert.

e) Bestimmung der Ausführungsdauern

Ansätze zur Bestimmung der Ausführungsdauern wurden in Abschnitt 3.7 vorgestellt.

Grundsätzlich sind die Ausführungsdauern mit den Fachabteilungen und den ausführenden Firmen zu ermitteln. Erfahrungswerte und Literaturwerte sollten hier als Orientierung und für die konstruktive kritische Diskussion dienen.

f) Klärung und Darstellung der Abhängigkeiten der Vorgänge untereinander und ihrer Verknüpfung

Hier wird ähnlich verfahren wie im Punkt c. Liegen Unsicherheiten vor, müssen diese mit den Fachabteilungen abgestimmt werden.

g) Abstimmung mit den Fachabteilungen und ggf. mit den ausführenden Partnern

Der Terminplan ist logisch, transparent und plausibel aufzubauen. Hierbei nehmen neben den Aktivitäten die Randbedingungen eine zentrale Rolle ein:

- technologisch bzw. logisch bedingte Randbedingungen, beispielsweise kann das Equipment erst aufgestellt werden, wenn das vorgesehen Fundament fertig ist,
- externe Randbedingungen, z. B. Genehmigungsanträge bei den Behörden oder zwingende Fertigstellungstermine der Anlage,
- ressourcenbedingte Randbedingungen, z. B. Anzahl der Arbeitskräfte, Kranauslastung und
- terminplanbedingte Randbedingungen, z. B. gleichmäßige Ressourcenauslastung (Ressourcenanpassung).

h) Vorgangsbeziehungen

Vorgangsbeziehungen werden im Kapitel 8 erläutert. Folgende Vorgangsbeziehungen sind möglich:

- Ende-Anfang-Beziehung (Beziehung von Ende eines Vorganges zum Anfang seines Nachfolgers),
- Anfang-Anfang-Beziehung (Beziehung von Anfang eines Vorganges zum Anfang seines Nachfolgers),
- Ende-Ende-Beziehung (Beziehung von Ende eines Vorganges zum Ende seines Nachfolgers) und
- Anfang-Ende-Beziehung (Beziehung von Anfang eines Vorganges zum Ende seines Nachfolgers).

i) Abstimmung mit dem gesamten Projekt, insbesondere mit dem Projektmanager (PM)

Der Terminplan ist vor der Finalisierung mit den Projektbeteiligten und dem PM abzustimmen. Anschließend ist mindestens der Level 1- und der Level 3-Terminplan und der kritische Pfad im Team zu verteilen.

3.10 Aufbau und Struktur des Terminplans

Die Terminplanstruktur orientiert sich an den Projektphasen (Select etc.) sowie den Projektabschnitten (Engineering etc.). Diese Struktur ist sehr deutlich in der Abbildung 3.2 dargestellt. Tabelle 3.6 fasst die Terminplanstruktur zur Orientierung nochmals zusammen.

In den nächsten Kapiteln werden die folgenden Themen genauer vorgestellt:

- Engineering (Planung) in Kapitel 4,
- Procurement (Equipment- und Materialeinkauf bzw. -beschaffung) in Kapitel 5,
- Construction (Montage und Installation) in Kapitel 6 sowie
- Testing und Pre-Comissioning (Inbetriebnahme) in Kapitel 7.

Tabelle 3.6: *Terminplanstruktur*

Projektphasen	Abschnitt	Bemerkung
Appraise	Engineering	Machbarkeits- sowie Konzeptstudie
	Procurement	falls projektspezifisch erforderlich (Long Lead Items, LLI)
	Construction	falls projektspezifisch erforderlich (Site preparation und/oder Demontagen)
Select	Engineering	Konzeptentwicklung (Basis of Design, BoD bzw. Basic Design Package, BDP)
	Procurement	falls projektspezifisch erforderlich (LLI)
	Construction	falls projektspezifisch erforderlich (Site preparation und/oder Demontagen)
Define	Engineering	Konzeptauswahl sowie -detaillierung (Basic Design Engineering Package, BDEP)
	Procurement	falls projektspezifisch erforderlich (LLI)
	Construction	falls projektspezifisch erforderlich (Site preparation und/oder Demontagen)
Execute	Engineering	Detailengineering
	Procurement	Equipment- und Materialeinkauf bzw. -beschaffung
	Construction	Montage und Installation
	Testing & Pre-Commissioning	Inbetriebnahme
Operate		

4 Engineering (Planung)

In Projekten für den Anlagenbau wird grundsätzlich unterschieden zwischen Pre-FID Engineering bzw. Revex Engineering, welche in der Appraise- und Select- sowie in der Define-Phase staffinden, und Detail Engineering (Ausführungsplanung), welches in der Execute-Phase ausgearbeitet wird.

Die nächsten Abschnitte stellen für die einzelnen Projektphasen die Key Aktivitäten zusammen, welche im Terminplan im Detail ausgeführt werden sollen. Die Reihenfolge – sequenziell oder parallel bezüglich der Abarbeitung der Key Aktivitäten – ist im Team abzustimmen. Die Liste fasst die Key Aktivitäten zusammen. Hierbei wird wegen der Übersichtlichkeit empfohlen, den Engineering-Schritten zu folgen, die in Tabelle 4.1 vorgestellt werden, damit „nichts vergessen" wird. Die essenziellen Aktivitäten wurden bereits in Kapitel 2 vorgestellt.

Tabelle 4.1: *Engineering-Schritte*

Engineering-Schritte	Bemerkung
Projektmanagement	
Verfahrenstechnik (Prozesstechnik)	
Equipment bzw. Apparate (Behälter, Pumpen etc. sowie Package Units)	
Plotplanung (3D-Anlangeplanung)	
Civil (Tief-, Hoch- und Stahlbau)	
Rohrleitungen (Piping)	
Prozessleittechnik (Electrical & Instrumentation) (E-Technik, MSR sowie Steuerung)	
Technische Gebäudeausrüstung (TGA)	
Logistik / Infrastruktur	
Inbetriebnahme	

Einen ähnlichen Aufbau schlägt z. B. [WEBE14] für die Anlagendokumentation und Schnittstellenkontrolle vor.

Für klassische Projekte sind i. d. R. alle diese Engineering-Schritte erforderlich. Entsprechend den Projektrandbedingungen sind sie ggf. projektspezifisch sowie unternehmensspezifisch zu adaptieren.

Für das Engineering bildet die Prozess-Fachabteilung mit den Massen- und Energiebilanzrechnungen die Basis. Auf dieser Basis sind die Equipments zu bemessen. Mit diesen beiden Voraussetzungen können die weiteren Fachabteilungen wie Civil, Piping, Electrical, MSR die Auslegung starten. Das Projektmanagement begleitet alle diese Aktivitäten mit Organisation und Koordination der Aufgaben. Weiterhin fasst es alle administrativen Aufgaben zusammen. Hierzu zählen insbesondere:

- die Terminplanung,
- die Kostenschätzung,
- die Zusammenarbeit mit Behörden (Behörden-Engineering),
- die administrativen Aufgaben des Einkaufs, wie Einkaufsstrategie etc.,
- die Qualitäts-Aktivitäten,
- die Sicherheits-Aktivitäten und
- die Aktivitäten des Construction Management.

4.1 Pre-FID Engineering

Die Pre-FID Projektphase fasst die Projektphasen Appraise, Select und Define zusammen. In der Appraise-Phase werden in der Regel grundsätzliche Fragestellungen geklärt und in einer Machbarkeitstudie (Feasibility Report) zusammengefasst. In der Select-Phase werden die Konzepte für die Aufgabenstellung entwickelt. Am Ende der Select-Phase oder zum Start der Define-Phase wird das Konzept ausgewählt und weiter ausgearbeitet.

4.1.1 Appraise (Vorplanung)

Tabelle 4.2 dokumentiert die Planungsaktivitäten für die Appraise-Phase.

Tabelle 4.2: *Planungsaktivitäten (Engineeringsaktivitäten) in der Appraise-Phase*

Appraise (Vorplanung)		Bemerkung
Projektmanagement	Kick-Off-Meeting (KOM)	
	Festlegung eines Projektleiters und des Teams (Organigramm)	
	Terminplanstellung Level 1 (Milestone Plan)	
	Projektbearbeitungsplan und -anweisungen (Project Execution Plan (PEP) etc.)	
	Grundgedanken und -ideen mit Stand der Technik	

Tabelle 4.2: Planungsaktivitäten (Engineeringsaktivitäten) in der Appraise-Phase – Fortsetzung

Appraise (Vorplanung)		Bemerkung
	Kostenschätzung (±50 %) und Wirtschaftlichkeitsbetrachtung sowie Update des Level 1-Terminplans und Erstellen des Level 3-Terminplans für die Select-Phase	
	Vergabestrategie (Contracting strategy)	
	Beschaffungsstrategie (Procurement strategy)	
	Qualitäts- und Sicherheitsstrategie (Quality and healthy strategy)	
	Zusammenstellung und Dokumentation der Ergebnisse in einer Machbarkeitsstudie (Feasibility study oder Feasibility report)	
	Decision Gate 1	
	Entscheidung über Weiterführung des Projektes	
Verfahrenstechnik (Prozesstechnik)	Grundfließbild(er) (Blockfließschaubild und Ablaufbeschreibung)	
	Verfahrensfließbild(er)	
	R&I-Fließbilder (Rohleitung und Instrumente); (P&ID, Neuanlage)	
	R&I-Fließbilder (P&ID, Bestand)	
	Verfahrens- und Anlagenbeschreibung (Anlagenschema mit den wichtigsten Parametern und Liefergrenzen)	
	Produkt- und Medienspezifikation	
	Sicherheitsdatenblätter	
	Massen-, Energie- und Druckbilanzen	
	Stoffstromlisten	
	Ausrüstungsdatenblätter	
	Sicherheitsarmaturendatenblätter	
	Brandschutzvorgaben	
	Brandschutzkonzept (ggf. Betriebsfeuerwehr)	
	Explosionsschutzdokument	
	Explosionsgefahrenbereiche festlegen	
	Schallschutzvorgaben	
	Prozessleittechnikkonzept	
Equipment und Apparate (Behälter, Pumpen etc. sowie Package Units)	Equipmentliste	
Plotplanung (3D-Anlangeplanung)	Aufstellungsplan (ggf. Gebäudepläne mit der Aufstellung)	
Civil (Tief-, Hoch- und Stahlbau)	Bodenuntersuchungen bezüglich Standfestigkeit, Kontamination und AwSV	
Rohrleitungen	Rohrleitungsliste	
Prozessleittechnik (E-Technik, MSR sowie Steuerung)	Konsumerliste	

Tabelle 4.2: *Planungsaktivitäten (Engineeringsaktivitäten) in der Appraise-Phase – Fortsetzung*

Appraise (Vorplanung)		Bemerkung
Technische Gebäudeausrüstung (TGA)	TGA-Konzept	
Logistik / Infrastruktur	Logistikkonzept Infrastrukturkonzept	
Inbetriebnahme	Inbetriebnahmekonzept	

4.1.2 Select (Verfahrensgrobplanung)

Die Planungsaktivitäten für Select-Phase werden in Tabelle 4.3 vorgestellt.

Tabelle 4.3: *Planungsaktivitäten (Engineeringsaktivitäten) in der Select Phase*

Select (Verfahrensgrobplanung)		Bemerkung
Projektmanagement	Kick-Off-Meeting (KOM)	
	Update Terminplan Level 1 (Milestone Plan)	
	Update Projektbearbeitungsplan und -anweisungen (Project Execution Plan (PEP) etc.)	
	Update Organigramm (siehe Appraise)	
	Update Vergabestrategie	
	Update Beschaffungsstrategie	
	Update Qualitäts- und Sicherheitsstrategie	
	Erstellung von Spezifikationen der Teile mit „langen" Lieferzeiten (LLI, i. d. R. gelten Lieferzeiten ab 6 Monaten als lang)	
	Terminplan (Update Level 1-Terminplan und Erstellung des Level 3-Terminplans für die Define-Phase)	
	Festlegung der erforderlichen Genehmigungen für Umwelt- und Arbeitsschutz (z. B. Luft (TA-Luft), Wasser (WHG), Lärm (TA-Lärm)), Baurecht (BauGB), Sachschutz (TRB) und Personalschutz (UVV)	
	Kostenschätzung (±30 %)	
	Zusammenstellung und Dokumentation der Ergebnisse in dem Konzept-Engineering-Dokument (Basis of Design, BoD)	
	Decision Gate 2	
	Entscheidung über Weiterführung des Projektes	
Verfahrenstechnik (Prozesstechnik)	Grundfließbild(er) (Blockfließschaubild und Ablaufbeschreibung)	Update sowie Erstellung der erforderlichen verfahrenstechnischen Dokumente
	Verfahrensfließbild(er)	
	R&I-Fließbilder (P&ID, Neuanlage)	
	R&I-Fließbilder (P&ID, Bestand)	

Tabelle 4.3: *Planungsaktivitäten (Engineeringsaktivitäten) in der Select Phase – Fortsetzung*

Select (Verfahrensgrobplanung)		Bemerkung
	Verfahrens- und Anlagenbeschreibung (Anlagenschema mit den wichtigsten Parametern und Liefergrenzen)	
	Produkt- und Medienspezifikation	
	Sicherheitsdatenblätter	
	Massen-, Energie- und Druckbilanzen	
	Stoffstromlisten	
	Ausrüstungsdatenblätter	
	Sicherheitsarmaturendatenblätter	
	Brandschutzvorgaben	
	Brandschutzkonzept (ggf. Betriebsfeuerwehr)	
	Explosionsschutzdokument	
	Explosionsgefahrenbereiche festlegen	
	Schallschutzvorgaben	
	Prozessleittechnikkonzept	
Equipment und Apparate (Behälter, Pumpen etc. sowie Package Units)	Update Equipmentliste	
Plotplanung (3D-Anlangeplanung)	Update Aufstellungsplan (ggf. Gebäudepläne mit der Aufstellung)	
	Systemabgrenzung (z. B. Gebäude)	
	ggf. 3D-Modell	
Civil (Tief-, Hoch- und Stahlbau)	Update Bodenuntersuchungen bezüglich Standfestigkeit, Kontamination und AwSV	
	Erstellung Civil-MTO (Materialstückliste)	
Rohrleitungen	Erstellung Rohrleitungs-MTO (Materialstückliste)	
Prozessleittechnik (E-Technik, MSR sowie Steuerung)	Zusammenstellung der elektrischen Daten einschließlich Stromverbrauch (Motordaten)	
	Betrachtung über kritische elektrische Strompfade (z. B. bei Stromausfall)	
	Erstellung E-Technik-MTO (Materialstückliste)	
	Erstellung MSR-MTO (Materialstückliste)	
Technische Gebäudeausrüstung	Update TGA-Konzept	
Logistik/Infrastruktur	Update Logistikkonzept Update Infrastrukturkonzept	
Inbetriebnahme	Update Inbetriebnahmekonzept	

4.1.3 Define (Verfahrensdetailplanung)

Tabelle 4.4 dokumentiert die Planungsaktivitäten für die Define-Phase.

Tabelle 4.4: *Planungsaktivitäten (Engineeringsaktivitäten) in der Define-Phase*

Define (Verfahrensdetailplanung)		Bemerkung
Projektmanagement	Kick-Off-Meeting (KOM)	
	Update Terminplan Level 1 (Milestone Plan)	
	Update Projektbearbeitungsplan und -anweisungen (Project Execution Plan (PEP) etc.)	
	Update Organigramm	
	Finalisierung Vergabestrategie	
	Update Beschaffungsstrategie	
	Update Qualitäts- und Sicherheitsstrategie	
	Finalisierung der Spezifikationen der Teile mit „langen" Lieferzeiten	
	Terminplan (Update Level 1-Terminplan und Erstellung des Level 3-Terminplans für die Execute - Phase)	
	Update Festlegung der erforderlichen Genehmigungen für Umwelt- und Arbeitsschutz (z. B. Luft (TA-Luft), Wasser (WHG), Lärm (TA-Lärm)), Baurecht (BauGB), Sachschutz (TRB) und Personalschutz (UVV).	
	Kostenschätzung (±10 %)	
	Zusammenstellung und Dokumentation der Ergebnisse des Define Engineering Package (Basic Design Engineering Package)	
	Decision Gate 3	
	Entscheidung über Weiterführung des Projektes	
Verfahrenstechnik (Prozesstechnik)	Grundfließbild(er) (Blockfließschaubild und Ablaufbeschreibung)	Update, Finalisierung sowie Erstellung der erforderlichen verfahrenstechnischen Dokumente
	Verfahrensfließbild(er)	
	R&I-Fließbilder (P&ID, Neuanlage)	
	R&I-Fließbilder (P&ID, Bestand)	
	Verfahrens- und Anlagenbeschreibung (Anlagenschema mit den wichtigsten Parametern und Liefergrenzen)	
	Produkt- und Medienspezifikation	
	Sicherheitsdatenblätter	
	Massen-, Energie- und Druckbilanzen	
	Stoffstromlisten	
	Ausrüstungsdatenblätter	
	Sicherheitsarmaturendatenblätter	

Tabelle 4.4: *Planungsaktivitäten (Engineeringsaktivitäten) in der Define-Phase – Fortsetzung*

Define (Verfahrensdetailplanung)		Bemerkung
	Brandschutzvorgaben	
	Update Brandschutzkonzept (ggf. Betriebsfeuerwehr)	
	Explosionsschutzdokument	
	Explosionsgefahrenbereiche festlegen	
	Schallschutzvorgaben	
	Prozessleittechnikkonzept	
Equipment und Apparate (Behälter, Pumpen etc. sowie Package Units)	Update & Finalisierung Equipmentliste	
Plotplanung (3D-Anlange-planung)	Update Aufstellungsplan (Gebäudepläne mit der Aufstellung)	
	Update Systemabgrenzung (z. B. Gebäude)	
	3D-Modell	
	Überprüfung der Montage- und Installationsmöglichkeiten	
Civil (Tief-, Hoch- und Stahlbau)	Update Civil-MTO (Materialstückliste)	
	Update Bodenuntersuchungen bezüglich Standfestigkeit, Kontamination und AwSV	
Rohrleitungen	Update Rohrleitungs-MTO	
Prozessleittechnik (E-Technik, MSR sowie Steuerung)	Update E-Technik-MTO (Materialstückliste)	
	Update MSR-MTO (Materialstückliste)	
Technische Gebäudeausrüstung	Update TGA-Konzept mit den entsprechenden Dokumenten	für die entsprechenden Fachabteilungen
Logistik/Infrastruktur	Update Logistikkonzept mit den entsprechenden Dokumenten Update Infrastrukturkonzept mit den entsprechenden Dokumenten	für die entsprechenden Fachabteilungen
Inbetriebnahme	Update Inbetriebnahmekonzept mit den entsprechenden Dokumenten	für die entsprechenden Fachabteilungen

4.2 Execute (Detail Engineering, Anlagendetailplanung)

Die Planungsaktivitäten für die Execute -Phase werden in Tabelle 4.5 vorgestellt.

Tabelle 4.5: *Planungsaktivitäten (Engineeringsaktivitäten) in der Execute-Phase*

Execute – Detail Engineering (Ausführungsplanung)		Bemerkung
Projektmanagement	Kick-Off-Meeting (KOM)	
	Update Terminplan Level 1 (Milestone Plan)	
	Finalisierung Projektbearbeitungsplan und -anweisungen (Project Execution Plan (PEP) etc.)	
	Update Organigramm	
	Vergabestrategie (Update, nur bei wesentlichen Veränderungen)	
	Finalisierung Beschaffungsstrategie	
	Finalisierung Qualitäts- und Sicherheitsstrategie	
	Spezifikationen der Teile mit „langen" Lieferzeiten (Update, nur bei wesentlichen Veränderungen)	
	Terminplan (Update Level 1-Terminplan und Level 3-Terminplan für die Execute-Phase)	
	Update Festlegung der erforderlichen Genehmigungen für den Umwelt- und Arbeitsschutz (z. B. Luft (TA-Luft), Wasser (WHG), Lärm (TA-Lärm)), Baurecht (BauGB), Sachschutz (TRB) und Personalschutz (UVV)	
	Finalisierung Ersatzteillisten	
	Montageplanung	
	Übergabe der AFC-Dokumente an die Kontraktoren	
Verfahrenstechnik (Prozesstechnik)	Grundfließbild(er) (Blockfließschaubild und Ablaufbeschreibung)	Update, Finalisierung sowie Erstellung der erforderlichen verfahrenstechnischen Dokumente
	Verfahrensfließbild(er)	
	Finalisierung R&I-Fließbilder (P&ID, Neuanlage)	
	Finalisierung R&I-Fließbilder (P&ID, Bestand)	

Tabelle 4.5: Planungsaktivitäten (Engineeringsaktivitäten) in der Execute-Phase – Fortsetzung

Execute – Detail Engineering (Ausführungsplanung)		Bemerkung
	Verfahrens- und Anlagenbeschreibung (Anlagenschema mit den wichtigsten Parametern und Liefergrenzen)	
	Finalisierung Produkt- und Medienspezifikation	
	Sicherheitsdatenblätter	
	Massen-, Energie- und Druckbilanzen	
	Stoffstromlisten	
	Ausrüstungsdatenblätter	
	Sicherheitsarmaturendatenblätter	
	Brandschutzvorgaben	
	Brandschutzkonzept (ggf. Betriebsfeuerwehr)	
	Explosionsschutzdokument Explosionsgefahrenbereiche festlegen	
	Schallschutzvorgaben	
	Prozessleittechnikkonzept	
Equipment und Apparate (Behälter, Pumpen etc. sowie Package Units)	Equipmentliste (Update nur bei wesentlichen Änderungen)	
	Update Ersatzteilliste	
	Update Equipment-MTO	
	Finalisierung der Equipment-AFC-Dokumente	
	Fundamentbelastungspläne	
	Statik und Festigkeitsnachweise (für TÜV und weitere Behörden)	
	Technische Abnahmespezifikationen (Vorschriften, Pläne, Werkstoffzeugnisse etc.)	
Plotplanung (3D-Anlangeplanung)	Update und Finalisierung Aufstellungsplan (ggf. Gebäudepläne mit der Aufstellung, Detaillierung)	
	Update und Finalisierung Systemabgrenzung (z. B. Gebäude)	
	Finalisierung des 3D-Modells	

Tabelle 4.5: Planungsaktivitäten (Engineeringsaktivitäten) in der Execute-Phase – Fortsetzung

Execute – Detail Engineering (Ausführungsplanung)		Bemerkung
Civil (Tief-, Hoch- und Stahlbau)	Update und Finalisierung Civil-MTO (Materialstückliste)	
	Update und Finalisierung Stahlbau-MTO (Materialstückliste)	
	Update und Finalisierung Bodenuntersuchungen bezüglich Standfestigkeit, Kontamination und AwSV	
	Übersichtspläne (Gebäude, Bauwerke, Stahlbauwerke, Fundamente etc.)	
	Detailzeichnungen (Gebäude, Bauwerke, Stahlbauwerke, Fundamente etc.)	
	Schalungs- und Bewährungspläne (Betonfachbauwerke, Fundament etc.)	
	Statik und Festigkeitsnachweise (für TÜV und weitere Behörden)	
	Ausschachtungspläne (Erdarbeiten)	
	Kanalisations- und Entwässerungspläne	
	Sonstige Pläne für Straßen, Gleisen etc.	
	Finalisierung der Civil-AFC-Dokumente	
	Finalisierung der Stahlbau-AFC-Dokumente	
	Technische Abnahmespezifikationen (Vorschriften, Pläne, Werkstoffzeugnisse etc.)	
Rohrleitungen	Rohrleitungspläne (Hauptrohrbrücken, Rohrleitungen etc.)	
	Update und Finalisierung Rohrleitungs-MTO (Materialstückliste) (Rohrleitungen, Rohrteile, Rohrklassen etc.)	
	Update Anstrich-MTO (Materialstückliste)	
	Update Wärmedämmungs-MTO (Materialstückliste)	

Tabelle 4.5: *Planungsaktivitäten (Engineeringsaktivitäten) in der Execute-Phase – Fortsetzung*

Execute – Detail Engineering (Ausführungsplanung)		Bemerkung
	Festigkeitsnachweise (für TÜV und weitere Behörden)	
	Technische Abnahmespezifikationen (Vorschriften, Werkstoffzeugnisse etc.)	
	Finalisierung der Anstrich-AFC-Dokumente	
	Finalisierung der Wärmedämmungs-AFC-Dokumente	
	Finalisierung der Rohrleitungs-AFC-Dokumente	
	Technische Abnahmespezifikationen (Vorschriften, Pläne, Werkstoffzeugnisse etc.)	
Prozessleittechnik (E-Technik, MSR sowie Steuerung)	Update E-Technik-MTO (Materialstückliste)	
	Update Instrumentierungs-MTO (Materialstückliste)	
	Übersichtspläne der Kabeltrassen für E-Technik/Instumentierung	
	Kabelpläne für E-Technik/ Instumentierung	
	Schaltpläne für E-Technik/ Instumentierung	
	Aufstellungspläne für das elektrische und messtechnische (Instrumentierung) Equipment	
	Consumerliste (Verbraucherliste mit Verbrauchern, Motoren, Kabeln etc.)	
	Beleuchtungspläne	
	Datenblätter für E-Technik/MSR	
	Finalisierung der E-Technik-AFC-Dokumente	
	Finalisierung der MSR-AFC-Dokumente	
	Technische Abnahmespezifikationen (Vorschriften, Pläne, Werkstoffzeugnisse etc.)	
Technische Gebäudeausrüstung	Update und Finalisierung TGA-Konzept mit den entsprechenden Detaildokumenten	für die entsprechenden Fachabteilungen

Tabelle 4.5: Planungsaktivitäten (Engineeringsaktivitäten) in der Execute-Phase – Fortsetzung

Execute – Detail Engineering (Ausführungsplanung)		Bemerkung
Logistik / Infrastruktur	Update und Finalisierung Logistikkonzept mit den entsprechenden Detaildokumenten Update und Finalisierung Infrastrukturkonzept mit den entsprechenden Detaildokumenten	für die entsprechenden Fachabteilungen
Inbetriebnahme	Update und Finalisierung Inbetriebnahmekonzept mit den entsprechenden Detaildokumenten	für die entsprechenden Fachabteilungen

Das Detail-Engineering startet nach FID. Hierbei ist der Fokus, am Ende des Detail-Engineerings für die verschiedenen ausführenden Gewerke die Ausführungsunterlagen zum Bauen für die Baustelle zur Verfügung zu stellen, die sogenannten Approved for Construction (AFC)-Unterlagen. In der Regel startet die Process-Fachabteilung mit der Fertigstellung der prozesstechnischen Dokumente wie Line list etc. Anschließend werden diese Listen an die entsprechenden Fachabteilungen weitergeleitet, um die Details zu ergänzen und die entsprechenden Ausführungsunterlagen fertig zu stellen.

4.3 Engineeringspezifische Ergänzungen

Die Abschnitte 4.1 und 4.2 stellen die klassischen Aktivitäten für das Engineering zusammen. Diese Aktivitäten sind projektspezifisch und unternehmensspezifisch anzupassen, um so der entsprechenden Unternehmensphilosophie zu genügen. Die dokumentierten Aktivitäten bilden eine Basis für das Projekt und dienen dem Terminplaner zur Orientierung.

Für umfangreiche Grundlagen bezüglich Engineerings wird auf [ALAM16], [WAGN18], [WAGN20] und [WEBE14] verwiesen. [WEBE14] fokussiert hierbei auf Verfahrenstechnik- und Prozessplanung. [WAGN20] legt den Schwerpunkt auf Rohrleitungstechnik, während [WAGN18] die Planung im Anlangebau beschreibt.

Projektmanagementaufgaben werden in [ALAM16] zusammengefasst. Die wichtigsten Dokumente sind hier

- Lastenheft bzw. Pflichtenheft (Project Premisses Document, PPD),
- Projektstrukturplan (PSP),
- Projektorganisation,
- RACI-Matrix (Responsible, Accountable, Consulted und Informed Matrix),

  Die RACI-Matrix dokumentiert die Rollenverteilung im Projekt und gibt die verantwortlichen Personen an. Hierbei steht:
  R für „verantwortlich für die Durchführung",
  A für „rechtlich verantwortlich",
  C für „beratend" und
  I für „wird informiert".
  Ein Template hierfür ist im Anhang A10 gegeben.

- Informationsmanagement sowie
- Risikomanagement

Im Projektmanagement wird auch auf kulturelle Aspekte wie Projektkultur, Entscheidungskultur etc. eingegangen. Außerdem sollten internationale Standards, wie beispielsweise im Guide to the Project Management Body of Knowledge (PMBOK-Guide) niedergelegt, und nationale Standards, wie vom Deutsche Institut für Normung (DIN) zusammengefasst, eingehalten werden.

Die VDI/VDE 2180 widmet sich der funktionalen Sicherheit in der Prozessindustrie. Für Details wird auf [VDI2180-1], [VDI2180-1B], [VDI2180-2], [VDI2180-3] und VDI2180-4] verwiesen. In diesen Standards werden die Anforderungen (Stand der Technik) der 12. BImSchV (Störfallverordnung) an die Prozessleittechnik dokumentiert.

In diesem Kapitel 4 wurde für klassische Projekte der Grundscope dokumentiert. Auf Basis der Projektrandbedinungen müssen ggf. noch weitere Scopepunkte berücksichtigt werden, wie:

- elektrische Infrastruktur mit Schalthaus/Schalthäuser,
- Dampfbegleitheizung und/oder elektrische Begleitheizung mit deren Infrastruktur und
- Infrastruktur für Oberflächenwasser & Abwasser.

Zur Vertiefung dokumentieren die Literatur [DIN10628], [DIN10628-1], [DIN10628-1B] und [DIN10628-2] für verfahrenstechnische Anlagen die allgemeinen Regeln für die Fließschemata, die Spezifikation dieser Schemata sowie deren grafische Symbole.

Procurement (Equipment- und Materialeinkauf bzw.-beschaffung)

5

Alle Beschaffungs- und Einkaufsaktivitäten (Procurement-Aktivitäten) werden im Terminplan in dem Abschnitt Procurement (Beschaffungs- bzw. Einkaufsabschnitt, siehe Tabelle 3.6) abgebildet. Die strategischen Einkaufsfragen, wie Contracting Strategy (Vertragsstrategie) oder Procurement Strategy (Einkaufsstrategie), werden im Abschnitt zum Projektmanagement dokumentiert, da alle projektspezifischen Strategiefragen sehr eng mit dem Projektmanagement abzustimmen sind. Diese Fragen werden durch die Einkaufsfachabteilung initiiert, koordiniert und finalisiert.

Der Procurementabschnitt des Terminplans fasst die klassischen Einkaufsaktivitäten wie Angebot anfragen, Bestellung initiieren etc. zusammen. Für den Terminplan stehen insbesondere die Lieferzeiten des Equipments und der Bulkmaterialien im Vordergrund. Die Lieferzeiten werden zum einen aus Erfahrungswerten gewonnen, zum anderen resultieren sie aus Anfragen, die die Einkaufsfachabteilung vorab an die Lieferanten gestellt hat.

5.1 Equipment und Bulkmaterialien

In der Appraise- und Select-Phase stehen für das Equipment die Anfragespezifikation (Datenblätter, Basisdaten) seitens des Engineerings zur Verfügung. Ab der Define-Phase werden vom Engineering die technischen Spezifikationen auf Basis der Datenblätter und der fortschreitenden Planung für die Equipmentanfragen weiterentwickelt. Die Datenblätter und technischen Spezifikationen dienen zur Anfrage bei den Lieferanten und zum Erhalt von Budget- und/oder Festangeboten. Dies hat drei Gründe:

a) Abschätzung der Gesamtprojektkosten mit dem faktorisierten Ansatz über den Equipmentpreis in frühen Projektphasen, siehe [Kar20] für weitere Details,
b) Zusammenstellung der detaillierten Kostenschätzung, siehe [Kar20] für weitere Details und
c) Lieferzeitinformationen, um dieses Equipment rechtzeitig bestellen zu können.

Tabelle 5.1: *Einkaufssequenz in der Appraise-, Select- und Define-Phase (für klassische Equipments und Bulkmaterialien, inbs. für LLI)*

Aktivität	Bemerkung
Anfrage an Hersteller für einen Kostenvoranschlag (Budget quote, ggf. Festpreisangebot für LLI)	mit entsprechender Genauigkeit
Eingang des Angebots	
technische Bewertung des Angebots (Technical Bid Analysis, TBA)	
kaufmännische Bewertung des Angebots (Commercial Bid Analysis, CBA)	
Bestellung (Platzierung der Bestellung (Order) beim Lieferanten)	für LLI (i. d. R. ab I & A-Phase, die Lieferzeit und der Baubeginn bestimmen den Bestellzeitpunkt)
Herstellung	Die Lieferzeit und der Baubeginn bestimmen den Bestellzeitpunkt und die Herstellungsanforderung an den Equipment- und Bulkmaterial-Lieferanten.
ggf. Inspektionen des Equipments und der Bulkmaterialien beim Hersteller zu den fest vereinbarten Terminen (Milestones)	Die Inspektion bzw. technische Abnahme des Equipments und der Bulkmaterialien kann auch beim Kunden erfolgen.
Transport (zum Kunden)	
Equipment on Site	
Transport zum Lagerort	
Transport auf die Baustelle	

Tabelle 5.1 zeigt die klassischen Einkaufsaktivitäten in der Appraise-, Select- und Define-Phase. Diese Einkaufsaktivitäten werden formal für jedes Equipment und alle Bulkmaterialien wiederholt.

Diese Vorgehensweise gilt auch für kritische Equipments und Bulkmaterialien wie z. B. Kompensatoren, Coriolis-Messungen, Motor Operated Valves (MOVs) etc. In der Regel wird das Equipment und das Bulkmaterial von der Einkaufsabteilung in der Procurementphase der Execute-Phase bestellt. Aufgrund der Procurement-Aktivitäten in der Appraise-, Select- und Define-Phase sowie den Erfahrungswerten sind die Lieferzeiten für Equipments und kritische Bulkmaterialien bekannt. Daher müssen ggf. solche Equipments und kritische Bulkmaterialien schon in den FEL-Phasen bestellt werden. Hierfür muss das Engineering die technische Spezifikation ggf. früher als in der Define-Phase finalisieren.

Tabelle 5.2 dokumentiert die typischen Einkaufsaktivitäten in der Execute-Phase. Diese Einkaufaktivitäten werden formal für jedes Equipment und alle Bulkmaterialien wiederholt.

Um den Terminplan nicht mit Procurement-Aktivitäten zu „überfrachten", empfiehlt es sich, hier Equipment- bzw. Bulkmaterialgruppen zu definieren. In den MTOs der Fachgruppen ist der komplette Scope bzw. Lieferumfang zusammengefasst.

Die entsprechenden Zeitspannen für die Einkaufaktivitäten im Terminplan (Tabellen 5.1 und 5.2) orientieren sich an den Erfahrungswerten aus früheren Projekten. Dazu können Werte zwischen einem Tag und bis zu zwei Wochen herangezogen werden.

Tabelle 5.2: Einkaufsequenz in der Execute-Phase für klassische Equipments und Bulkmaterialien

Aktivität	Bemerkung
Anfrage an Lieferanten für ein Angebot (Festpreisangebot)	
Eingang des Angebots	
technische Bewertung des Angebots (TBA)	
kaufmännische Bewertung des Angebots (CBA)	
Bestellung (Platzierung der Order beim Lieferanten)	Die Lieferzeit und der Baubeginn bestimmen den Bestellzeitpunkt und die Herstellungsanforderung an den Equipment- und Bulkmaterial-Lieferanten.
Herstellung	Die Lieferzeit und der Baubeginn bestimmen den Bestellzeitpunkt und die Herstellungsanforderung an den Equipment- und Bulkmaterial-Lieferanten.
ggf. Inspektionen des Equipments und der Bulkmaterialien beim Hersteller zu den fest vereinbarten Terminen (Milestones)	Die Inspektion bzw. technische Abnahme des Equipments und der Bulkmaterialien kann auch beim Kunden erfolgen.
Transport (vom Hersteller zum Kunden)	
Equipment on Site	
Transport zum Lagerort	
Transport auf die Baustelle	

Für die Lieferzeiten von Equipment und Bulkmaterialien im Terminplan können im ersten Ansatz auch Erfahrungswerte aus früheren Projekten verwendet werden. Diese sind nach Eingang der Angebote anzupassen. Tabelle 5.3 dokumentiert für typische Equipments und Bulkmaterialien Anhaltswerte für die Lieferzeiten.

Tabelle 5.3: Lieferzeiten für typische Equipments und Bulkmaterialien

Equipment/Bulkmaterial	Typische Lieferzeit
Rohrleitungsmaterial	2 Monate
Kolonnen	12 Monate
Pumpen	6 Monate
Kompressoren	12 Monate
Ventile	6 Monate

Die reale Lieferzeit ist immer von der Verfügbarkeit am Markt abhängig.

5.2 Verträge

Verträge lassen sich grob in Einzelverträge, Rahmenverträge und EPC- bzw. EPCm-Verträge unterscheiden (EPC: Engineering Procurement Construction; EPCm: Engineering Procurement Construction Management). In diesem Buch wird jedoch auf weitere Details zu diesen Vertragsarten verzichtet, da sie für das weitere Verständnis des Themas nicht relevant sind.

Traditionelle Unternehmen, die schon lange am Markt etabiliert sind („alteingesessene Unternehmen"), haben i. d. R. Rahmenverträge mit:

- Engineering-Partnern für das Engineering bzw. die Planung,
- Lieferanten für Equipments und Bulkmaterialien (Supplier bzw. Vendor) und
- ausführende Firmen (Contractoren).

In der Regel sind in diesen Verträgen das Leistungsverzeichnis mit den entsprechenden Aufwandspositionen (Kosten) sowie Lieferzeiten aufgelistet. In diesem Fall muss kein neuer Vertrag für das gelieferte Material und/oder die erbrachte Leistung abgeschlossen werden. Die Basis bildet der Rahmenvertrag. Eine Anfrage für ein Angebot und die anschließende Bestellung ist vollkommen ausreichend. Für jede Vertragspartei sind die Verpflichtungen im Rahmvertrag definiert.

In großen Projekten (z. B. Kraftwerksprojekte oder Projekte mit speziellem Scope wie z. B. Analytikprojekte) ist es sinnvoll, das komplette Vorhaben als EPC abzuwickeln. In diesem Fall ist ein Vertrag mit den entsprechen Unternehmen über Leistungsumfang (Scope), Kosten und Liefertermine auszuhandeln und zu definieren. Der Abschluss eines solchen Vertrages ist projektphasenunabhängig, wird aber in der Regel in einer der FEL-Phasen vorgenommen.

Tabelle 5.4: *Einkaufssequenz für Verträge*

Aktivität	Bemerkung
Ausarbeitung des EPC/EPCm-Vertrages	
Eingang des Vertrages	
technische Bewertung des Vertrages (TBA)	
kaufmännische Bewertung des Vertrages (CBA)	
Nachverhandeln des Vertrages	
Abschluss des Vertrages	

Tabelle 5.4 stellt die typischen Einkaufsaktivitäten für einen solchen Vertrag zusammen.

5.3 Lieferung und Montage-Leistungen (Supply and Erect)

Bei der Lieferung und den Montage-Leistungen (Supply and Erect) verhält es sich ähnlich wie bei der Beschaffung der Equipments und Bulkmaterialien. Unter Lieferung und Montage werden Leistungen zusammengefasst, die Material und Leistungen in einem Vertrag bzw. Angebot enthalten, wie z. B. Fundament oder Stahlbauleistungen.

Tabelle 5.5: Einkaufsaktivitäten für Supply- und Erect-Leistungen

Aktivität	Bemerkung
Anfrage an Lieferanten für ein Angebot	
Eingang des Angebots	
technische Bewertung des Angebots (TBA)	
kaufmännische Bewertung des Angebots (CBA)	
Bestellung (Platzierung der Order beim Lieferanten)	

Tabelle 5.5 dokumentiert die typischen Einkaufsaktivitäten für Supply- und Erect-Leistungen.

5.4 Procurementspezifische Ergänzungen

Die Abschnitte 5.1 bis 5.3 stellen die klassischen Aktivitäten für das Procurement zusammen. Diese Aktivitäten sind projektspezifisch und unternehmensspezifisch anzupassen, sodass sie der entsprechenden Unternehmensphilosophie genügen. Die dokumentierten Aktivitäten bilden eine Basis für das Projekt und dienen dem Terminplaner zur Orientierung.

Construction (Montage und Installation)

6

6.1 Allgemeines

6.1.1 Level 3-, Level 4- und Level 5-Construction-Terminpläne

Die Bauaktivitäten (Construction-Aktivitäten bzw. Montage und Installation) sind im Construction-Abschnitt des Terminplans zu dokumentieren, siehe Tabelle 3.6. Um den Construction-Abschnitt übersichtlich zu gestalten, wird eine Untergliederung in drei Phasen vorgenommen:

1. Pre-Construction: Diese Phase umfasst Maßnahmen wie die Baufeldvorbereitung, das Einrichten der Baustelle und die Planung der Bauaktivitäten, um den eigentlichen Bauprozess vorzubereiten.
2. Construction: In dieser Phase werden die eigentlichen Baumaßnahmen durchgeführt, wie zum Beispiel die Errichtung von Fundamenten, die Montage von Equipment und anderen baulichen Komponenten gemäß den technischen Spezifikationen.
3. Post-Construction: Nach Abschluss der Baumaßnahmen werden in dieser Phase Restarbeiten durchgeführt, um sicherzustellen, dass alle Details abgeschlossen sind.

Durch diese Untergliederung wird der Construction-Abschnitt strukturierter und sie erleichtert eine gezielte Betrachtung der verschiedenen Phasen und Aktivitäten im Bauprozess.

Der Level 3-Terminplan fasst in der Regel die Bauaktivitäten entsprechend der EPC-Philosophie zusammen (EPC: Engineering (E), Procurement (P) und Construction (C)). Insbesondere für die Construction-Aktivitäten werden im fortgeschrittenen Projektstadium, i. d. R. in der Execute-Phase des Projektes, Level 4- und ggf. auch Level 5-Terminpläne erstellt, siehe Tabelle 3.3. Level 4-Terminpläne, deren Terminplandetaillierungsbasis Tage/Stunden sind, werden für die klassischen Projekte angelegt. Level 5-Terminpläne, deren Terminplandetaillierungsbasis Stunden sind, werden insbesondere für die Projekte angelegt, deren Scopebestandteile in Stillständen ausgeführt werden. Natürlich ist hier auch ein Mix erlaubt. Er muss grundsätzlich den Anforderungen der Terminplanung genügen und eine spätere Fortschrittsverfolgung ermöglichen.

6.1.2 Rahmenverträge

„Alteingesessene" Unternehmen haben Rahmenverträge mit Lieferanten bzw. Firmen für die Equipments und Bulkmaterialien sowie mit Contruction-Unternehmen bzw. Firmen für die Ausführung, siehe Abschnitt 5.2. Teilweise haben diese Firmen eine Niederlassung sowie Werkstätten an den entsprechenden Standorten. Hier braucht man zumindest zum Teil auch keine Contractor-Mobilisierung. In den Rahmenverträgen sind zum größten Teil die Leistungen mit den entsprechend benötigten Zeiten dokumentiert.

Diese Rahmenverträge können bei der Terminplanung als Basis dienen, um die Zeitdauern für die einzelne Aktivitäten zu bestimmen.

6.1.3 Firmeninterne Normen bzw. Standards

Zusätzlich zu den Rahmenverträgen haben viele Unternehmen auch Hausnormen bzw. Standards für die Montage- bzw. Installationszeiten.

Diese firmeninternen Normen und Standards können bei der Terminplanung als Basis dienen, um die Dauern für die einzelne Aktivitäten zu bestimmen.

6.1.4 Erfahrungswerte aus bereits ausgeführten Projekten

Neben den Rahmenverträgen sowie den firmeneigenen Normen und Standards können Erfahrungswerte aus bereits ausgeführten Projekten bei der Terminplanung als Basis dienen, um die Dauern für die einzelne Aktivitäten zu bestimmen.

6.1.5 Arbeitszeitwerte für Construction

Falls keine Rahmenverträge, keine Hausnormen und Standards sowie keine Erfahrungswerte für Montage- bzw. Installationszeiten vorliegen, kann z. B. auf [DACE18] zurückgegriffen werden. [DACE18] dokumentiert Arbeitszeitwerte für die typischen Gewerke wie Elektrik, MSR, Equipment, Rohrleitungsbau, Anstrich, Stahlbau, Isolierung etc.

Diese Literatur und weitere Literaturstellen können bei der Terminplanung als Basis dienen, um die Dauern für die einzelnen Aktivitäten zu bestimmen.

Anhang A4 stellt die Gewerkeübersicht für [DACE18] zusammen. Anhang A9 dokumentiert weitere Literaturwerte für Arbeitszeitwerte mit den entsprechenden Referenzen zur groben Orientierung.

6.1.6 Besonderheiten

Beim Construction bzw. bei Montage und Installation werden Ressourcen wie z. B. Krane verwendet. Krane werden nicht immer separat als Aktivität dokumentiert, sondern werden als Ressource behandelt. Ausnahmen sind z. B. ein Raupenkran für Heavy lifts (Schwerlasthübe). Diese haben eine signifikante Vorbereitungszeit inkl. der Bestellung. Daher wird empfohlen, diese separat zu planen.

Weiterhin sind die Labours als auch Ressource definiert (Eigenschaften eines Vorgangs), siehe Abbildung 3.1.

Wie beim Engineering wird empfohlen, den Construction-Abschnitt zu systematisieren, damit der Terminplan übersichtlich und leserlich ist. Hierbei wird folgende Aufbau empfohlen:

- Baustellenvorbereitung,
- Civil,
- Equipment,
- Rohrleitungen,
- MSR,
- E-Technik und
- Inbetriebnahme.

Andere Anordnung ist auch möglich, aber die Aktivitäten des Construction-Abschnitts entsprechend den Gewerken aufzuteilen, ist sinnvoll und auf Basis der Erfahrung der Autoren sehr empfehlenswert.

6.2 Baustellenvorbereitung

Die Baustellenvorbereitungsaktivitäten zählen zu den Pre-Construction-Aktivitäten. Tabelle 6.1 fasst typische Baustellenaktivitäten zusammen.

Tabelle 6.1: *Aktivitäten für die Baustellenvorbereitung*

Aktivität	Construction-Abschnitt	Bemerkung
Baustelle aufräumen	Aufbau	
Baustelle sichern	Aufbau	
Baustellentafel aufstellen	Aufbau	
Baustromanschluss	Aufbau	
Utilityanschlüsse wie Wasser, Abwasser, Netzwerk etc.	Aufbau	
Beleuchtung aufstellen	Aufbau	
Contractor-Mobilisierung, z. B. – Parkplatz – Container für Büros und Besprechungsräume – Container für Umkleideräume und Kantine	Aufbau	bei Bedarf
Bau- und Montagezeit	Bau- und Montagezeit	muss nicht unbedingt als Aktivität geplant werden, kann als Sammelbalken dargestellt werden (der Start verknüpft mit der ersten Bau- bzw. Montageaktivität und das Ende mit der letzten Bau- bzw. Montageaktivität).

Tabelle 6.1: *Aktivitäten für die Baustellenvorbereitung – Fortsetzung*

Aktivität	Construction-Abschnitt	Bemerkung
Contractor-Demobilisierung, z. B. • Parkplatz • Container für Büros und Besprechungsräume • Container für Umkleideräume und Kantine	Rückbau	bei Bedarf
Demontieren der Utilityanschlüsse wie Wasser, Abwasser, Netzwerk, etc.	Rückbau	
Beleuchtung demontieren	Rückbau	
Baustromanschluss demontieren	Rückbau	
Baustellentafel demontieren	Rückbau	
Baustelle aufräumen	Rückbau	
Baustelle entsichern	Rückbau	

Die Aktivität *Baustelle sichern* wird nur einmal geführt. Sie gilt aber für den kompletten Baustellenbereich.

Die Aktivität *Contractor-Mobilisierung* und *-Demoblisierung* ist erforderlich, wenn neue Unternehmen neben den Rahmenvertragspartnern beauftragt werden. Das ist i. d. R. bei größeren Projekten der Fall, wenn diese als EPC ausgeführt werden. EPC-Partner werden z. B. bei Spezialprojekten beauftragt, wie beispielsweise Analytikprojekte oder Entsorgungsprojekte. Diese Unternehmen bringen in der Regel Kernkompetenzen für den beauftragten Bereich mit.

6.3 Civil-Aktivitäten

Civil-Aktivitäten umfassen Tiefbauarbeiten, Hochbauarbeiten sowie Stahlbauarbeiten. Weiterhin zählen hierzu Bodenunterschungen bezüglich Bodenstandfestigkeit, Kontamination und Störkanten. Diese finden in der Regel in den FEL 1- bis FEL 3-Phasen des Projekts statt, also während der Projektentwicklung. Auf Basis dieser Untersuchungen und Ergebnisse wird das weitere Engineering geplant. Weiterhin ist zu untersuchen, ob bestimmte Flächen als Anlagen zum Umgang mit wassergefährdenden Stoffen (AwSV) auszuführen sind. Für bestimmte Medien wie z. B. Öl ist der Untergrund zu versiegeln, damit keine schädlichen Fluide in den Untergrund sickern können. Diese Aktivitäten sind ggf. in den Engineering-Abschnitt des Terminplans zu integrieren.

Tabelle 6.2 stellt die klassische Vorgehensweise für die Aktivitäten bei der Fundamenterstellung zusammen.

Tabelle 6.2: *Fundamenterstellung*

Aktivität	Construction-Abschnitt	Bemerkung
Aufbau Gerüste	Aufbau	bei Bedarf
Abbrucharbeiten	Aufbau / Demontage	bei Bedarf
Grobabsteckung Örtlichkeit	Montage	
Aushub / Herstellung der Baugrube	Montage	

Tabelle 6.2: Fundamenterstellung – Fortsetzung

Aktivität	Construction-Abschnitt	Bemerkung
Montage Potentialausgleich Ringerder (inkl. Fotodokumentation)	Montage	Potentialausgleich muss noch an das (bestehende) Erdungssystem angeschlossen werden.
Herstellung Sauberkeitsschicht	Montage	
Feinabsteckung	Montage	
Herstellung Bewehrung inkl. Abnahmen (Bauleitung (BL) und/oder Prüfstatiker)	Montage	
Montage Potentialausgleich (inkl. Fotodokumentation)	Montage	Potentialausgleich muss noch an das (bestehende) Erdungssystem angeschlossen werden.
Herstellung Schalung	Montage	
Einmessung Anker / Einbauteile	Montage	bei Bedarf
Betonieren	Montage	
Ausschalen	Montage	
Nachbehandlung	Montage	
Aushärtezeit	Montage	
Demontage Gerüste	Rückbau	bei Bedarf

Tabelle 6.3: Stahlbauerstellung

Aktivität	Construction-Abschnitt	Bemerkung
Aufbau Gerüste	Aufbau	bei Bedarf
Demontage des Stahlbaus	Aufbau / Demontage	bei Bedarf
Montage des vorgefertigten Stahlbaus	Montage	i. d. R. wird der Stahlbau vorgefertigt.
Vermessen des Stahlbaus	Montage	
Fixieren des Stahlbaus	Montage	
Abnahme des Stahlbaus (Bauleiter und/oder Prüfstatiker)	Montage	
Montage Potentialausgleich (inkl. Fotodokumentation)	Montage	Potentialausgleich muss noch an das (bestehende) Erdungssystem angeschlossen werden.
Demontage Gerüst	Rückbau	bei Bedarf

Zusätzlich zur Fundamenterstellung stellt die Tabelle 6.3 die klassische Vorgehensweise für die Stahlbaumontage zusammen. Die Stahlbauerstellung erfolgt i. d. R. als Vorfertigung in der Werkstatt.

Neben den Fundament- und/oder Stahlbauerstellungen können Kabelgräben zur Kabelverlegung für E-Technik und MSR im Projekt erforderlich sein. Tabelle 6.4 stellt die klassische Vorgehensweise für den Aufwand von Kabelgräben zusammen.

Tabelle 6.4: *Kabelgrabenerstellung*

Aktivität	Construction-Abschnitt	Bemerkung
Kabelgraben öffnen	Aufbau	ggf. sind hier temporäre Maßnahmen zu ergreifen (mit in den Terminplan aufnehmen), damit die Form des Kabelgrabens gewährleistet ist und keine Sicherheitsbedenken bei der Montage von Kabeln vorliegen.
geplante Kabel einlegen	Montage	
Kabelgraben schließen	Rückbau	

Zusätzlich oder auch alternativ zu den Kabelgräben werden auch Kabelschienen für die Kabelverlegung eingesetzt. Tabelle 6.5 stellt die klassische Vorgehensweise für den Aufwand von Kabelschienen zusammen.

Tabelle 6.5: *Kabelschienen*

Aktivität	Construction-Abschnitt	Bemerkung
Aufbau Gerüste	Aufbau	bei Bedarf
Kabelschiene montieren	Montage	
Kabelschiene öffnen	Montage	
geplante Kabel einlegen	Montage	
Kabelschiene schließen	Montage	
Demontage Gerüst	Rückbau	bei Bedarf

Wenn es betrieblich erforderlich ist und die Planung in den Civil-Dokumenten es entsprechend definiert hat, ist der Boden der zu bebauenden Fläche gemäß den Anforderungen der AwSV (Anlagenverordnung zum Umgang mit wassergefährdenden Stoffen) zu versiegeln, um das Eindringen von Flüssigkeiten ins Erdreich zu verhindern. Dann sollten die Aktivitäten der AwSV im Civil-Bereich des Construction-Abschnitts in den Terminplan aufgenommen werden. Dies umfasst die entsprechenden Maßnahmen und Arbeiten zur Versiegelung des Bodens, wie beispielsweise die Verlegung von speziellen Bodenbelägen, Abdichtungssystemen oder anderen geeigneten Techniken, um sicherzustellen, dass keine Fluide in das Erdreich gelangen können. Die Integration dieser Aktivitäten in den Terminplan ermöglicht eine präzise Planung, Koordination und Umsetzung der AwSV-Anforderungen während des Bauprozesses.

6.4 Equipmentmontage

Bei der Equipmentmontage ist zu unterscheiden, ob es sich um eine Neumontage oder um einen 1:1-Austausch des Equipments handelt. Tabelle 6.6 stellt die Aktivitäten für eine Neumontage zusammen, wohingegen die Tabelle 6.7 den 1:1-Equipmentaustausch dokumentiert.

Tabelle 6.6: *Equipmentmontage, neues Equipment*

Aktivität	Construction-Abschnitt	Bemerkung
Montage Gerüst	Montage	bei Bedarf
Setzen der Steckscheiben	Montage	
Montage Equipment	Montage	auf Fundament oder Stahlbau
Montage BGH (Begleitheizung)	Montage	bei Bedarf, als Sammelbalken darstellen, den Start mit der ersten Bau- bzw. Montageaktivität des BGHs und das Ende mit der letzten Bau- bzw. Montageaktivität des BGHs verknüpfen
Montage EMSR (Elektrik Messen, Steuer, Regeln)	Montage	bei Bedarf, als Sammelbalken darstellen, den Start mit der ersten Bau- bzw. Montageaktivität des EMSRs und das Ende mit der letzten Bau- bzw. Montageaktivität des EMSRs verknüpfen.
Montage Rohrleitung	Montage	als Sammelbalken darstellen, den Start mit der ersten Bau- bzw. Montageaktivität der Rohrleitungen und das Ende mit der letzten Bau- bzw. Montageaktivität der Rohrleitungen verknüpfen.
Montage Potentialausgleich	Montage	Potentialausgleich muss noch an das (bestehende) Erdungssystem angeschlossen werden.
Verplomben der Flansche	Montage	
mechanische Abnahme I	Montage	
Ziehen der Steckscheiben	Montage	
Verplomben der Steckscheiben	Montage	
mechanische Abnahme II	Montage	
Montage Isolierung	Montage	bei Bedarf
Demontage Gerüst	Rückbau	bei Bedarf

Die Aktivität *mechanische Abnahme I* prüft die mechanische Integrität, d. h. ob das Equipment in einem geschlossenen Kreislauf integriert ist, sodass beim ersten Befüllen oder Wiederbefüllen des entsprechenden Systems kein Medium auslaufen kann und keine Undichtigkeiten vorliegen.

Zusätzlich zu der ersten mechanischen Abnahme wird bei der *mechanischen Abnahme II* die komplette Abnahme des Equipments mit der Peripherie vorgenommen.

Tabelle 6.7: *Equipmentmontage, 1:1-Equipmentaustausch*

Aktivität	Construction-Abschnitt	Bemerkung
Montage Gerüst	Aufbau	bei Bedarf
Demontage Isolierung	Demontage	bei Bedarf
Setzen der Steckscheiben	Demontage	
Demontage EMSR (Elektrik Messen, Steuer, Regeln)	Demontage	bei Bedarf
Demontage BGH (Begleitheizung)	Demontage	bei Bedarf
Demontage Rohrleitung	Demontage	
Demontage Equipment	Demontage	
Montage Equipment	Montage	
Montage BGH (Begleitheizung)	Montage	bei Bedarf
Montage EMSR (Elektrik Messen, Steuer, Regeln)	Montage	bei Bedarf
Montage Potentialausgleich	Montage	Potentialausgleich muss noch an das (bestehende) Erdungssystem angeschlossen werden.
Montage Rohrleitung	Montage	
Verplomben der Flansche	Montage	
mechanische Abnahme I	Montage	
Demontage Steckscheiben	Montage	
Ziehen der Verplombungen	Montage	
mechanische Abnahme II	Montage	
Montage Isolierung	Montage	bei Bedarf
Demontage Gerüst	Rückbau	bei Bedarf

Für die Pumpen-Equipmentmontage sind die folgenden zwei Aktivitäten noch zusätzlich zu berücksichtigen, siehe Tabelle 6.8.

Tabelle 6.8: *Equipmentmontage Pumpenausrichtung*

Aktivität	Construction-Abschnitt	Bemerkung
Grobausrichtung Pumpe	Montage	
Feinausrichtung Pumpe	Montage	

Eventuell werden Krane bei der Montage gebraucht. Diese sind dann entsprechend als Aktivität oder Ressource miteinzuplanen. Das Gleiche gilt für die Sicherheitswachen. Falls geschweißt werden muss, muss eine ZfP (zerstörunngsfreie Prüfung) für das Röntgen mitberücksichtigt werden.

6.5 Rohrleitungsmontage

Auch bei der Rohrleitungsmontage muss zwischen Neumontage, 1:1-Austausch und Reparatur unterschieden werden. Tabelle 6.9 stellt die Aktivitäten für die Neumontage und Tabelle 6.10 für den Rohrleitungsaustausch zusammen.

Tabelle 6.9: *Rohrleitungsmontage, neue Rohrleitungssequenz*

Aktivität	Construction-Abschnitt	Bemerkung
Montage Gerüst	Aufbau	bei Bedarf
Setzen der Steckscheiben	Montage	
Montage Rohrleitung	Montage	ggf. in Spools aufteilen
ZfP	Montage	
Montage BGH (Begleitheizung)	Montage	bei Bedarf
Montage EMSR (Elektrik Messen, Steuer, Regeln)	Montage	bei Bedarf (ggf. mit Erdung und Blitzschutz!)
Verplomben der Flansche	Montage	
mechanische Abnahme I	Montage	
Ziehen der Steckscheiben	Montage	
mechanische Abnahme II	Montage	
Montage Isolierung	Montage	bei Bedarf
Demontage Gerüst	Rückbau	bei Bedarf

Tabelle 6.10: *Rohrleitungsmontage, 1:1-Austausch der Rohrleitungssequenz*

Aktivität	Construction-Abschnitt	Bemerkung
Montage Gerüst	Aufbau	bei Bedarf
Demontage Isolierung	Demontage	bei Bedarf
Setzen der Steckscheiben	Demontage	
Demontage EMSR (Elektrik Messen, Steuer, Regeln)	Demontage	bei Bedarf ggf. auch Erdung (Blitzschutz)
Demontage BGH (Begleitheizung)	Demontage	bei Bedarf
Demontage Rohrleitung	Demontage	ggf. in Spools aufteilen
Montage Rohrleitung	Montage	ggf. in Spools aufteilen
ZfP (zerstörungsfreie Prüfung)	Montage	
Montage BGH (Begleitheizung)	Montage	bei Bedarf

Tabelle 6.10: *Rohrleitungsmontage, 1:1-Austausch der Rohrleitungssequenz – Fortsetzung*

Aktivität	Construction-Abschnitt	Bemerkung
Montage EMSR (Elektrik Messen, Steuer, Regeln)	Montage	bei Bedarf (ggf. mit Erdung und Blitzschutz!)
Verplomben der Flansche	Montage	
mechanische Abnahme I	Montage	
Ziehen der Steckscheiben	Montage	
mechanische Abnahme II	Montage	
Montage Isolierung	Montage	bei Bedarf
Demontage Gerüst	Rückbau	bei Bedarf

6.6 MSR-Montage

Wie bei der Rohrleitungsmontage muss bei der MSR-Montage zwischen Neumontage oder Austausch bzw. Reparatur unterschieden werden. Tabelle 6.11 stellt die Aktivitäten für die Neumontage und Tabelle 6.12 für den Intrumentierungsaustausch zusammen.

Tabelle 6.11: *Instrumentierungsmontage, neues Instrumentierungselement*

Aktivität	Construction-Abschnitt	Bemerkung
Aufbau Gerüste	Aufbau	bei Bedarf
Montage Intrumentierungselement	Montage	I. d. R. werden die Instrumente auf die Flansche montiert, die der Rohrleitungsbauer bereits installiert hat.
Anklemmen Instrumentierungselement	Montage	
Verplomben der Flansche	Montage	
mechanische Abnahme I	Montage	ist i. d. R. nicht erforderlich; meist sind keine Steckscheiben zu ziehen, da die Instrumentierungs-elemente auf die Flansche montiert sind, die der Rohr-leitungsbauer bereits installiert hat. Das sind i. d. R. MSR-Flansche.
Loop Checks	Montage	
mechanische Abnahme II	Montage	
Montage Isolierung	Montage	bei Bedarf
Abbau Gerüste	Rückbau	bei Bedarf

Tabelle 6.12: Instrumentierungsmontage, Austausch Instrumentierungselement

Aktivität	Construction-Abschnitt	Bemerkung
Aufbau Gerüste	Aufbau	bei Bedarf
Demontage Isolierung	Demontage	bei Bedarf
Abklemmen Intrumentierungselement	Demontage	
Demontage Intrumentierungselement	Demontage	
Montage Intrumentierungselement	Montage	i. d. R. werden die Instrumente auf die Flansche montiert, die der Rohrleitungsbauer bereits installiert hat.
Anklemmen Intrumentierungselement	Montage	
Verplomben der Flansche	Montage	
mechanische Abnahme I	Montage	Ist i. d. R. nicht erforderlich; meistens sind keine Steckscheiben zu ziehen, da die Instrumentierungselemente auf die Flansche montiert sind, die der Rohrleitungsbauer bereits installiert hat. Das sind i. d. R. MSR-Flansche.
Loop Checks	Montage	
mechanische Abnahme II	Montage	
Montage Isolierung	Montage	bei Bedarf
Abbau Gerüste	Rückbau	bei Bedarf

Bei der Instrumentierungsmontage (Messen, Steuern und Regeln, MSR-Technik) ist zusätzlich zudem zwischen Aktivitäten im Feld und in der Messwarte (Prozessleittechnik) zu unterscheiden. Hier empfiehlt es sich, diese Unterscheidung im Terminplan mitaufzunehmen.

6.7 Elektromontage

Wie bei der Instrumentierungsmontage muss bei der Elektromontage zwischen Neumontage oder Austausch bzw. Reparatur unterschieden werden. Tabelle 6.13 stellt die Aktivitäten für die Neumontage und Tabelle 6.14 für den Elektroaustausch zusammen.

Tabelle 6.13: *Elektromontage von neuen Elektroelementen*

Aktivität	Construction-Abschnitt	Bemerkung
Aufbau Gerüste	Aufbau	bei Bedarf
Montage Equipment wie z. B. Transformatoren	Montage	
elektrischer Anschluss des Equipments	Montage	
Abnahme Equipment	Montage	
Demontage Gerüste	Rückbau	bei Bedarf

Tabelle 6.14: *Elektromontage, Austausch Elektroelemente*

Aktivität	Construction-Abschnitt	Bemerkung
Aufbau Gerüste	Aufbau	bei Bedarf
Demontage Isolierung	Demontage	bei Bedarf
Demontage Equipment	Demontage	
Montage Equipment wie z. B. Transformatoren	Montage	
elektrischer Anschluss des Equipments	Montage	
Abnahme Equipment	Montage	
Demontage Gerüste	Rückbau	bei Bedarf

Bei der Elektromontage ist außerdem ggf. die Erdung und der Blitzschutz sowie eine elektrische Begleitheizung zu berücksichtigen. Außerdem sind Aktionen auch in der Messwarte und/oder in Stromtransformationszentren zu berücksichtigen. [NEWS20] dokumentiert die Details zum Blitzschutz.

6.8 Construction-spezifische Ergänzungen

Die Abschnitte 6.2 bis 6.7 stellen die klassischen Aktivitäten für Construction zusammen. Diese Aktivitäten sind projektspezifisch und unternehmensspezifisch anzupassen, sodass sie der entsprechenden Unternehmensphilosophie genügen. Die dokumentierten Aktivitäten bilden eine Basis für das Projekt und dienen dem Terminplaner zur Orientierung.

Bei der Terminplanentwicklung insbesondere im Construction-Abschnitt müssen auch die sicherheitstechnischen Gesichtspunkte mitberücksichtigt werden. Hier ist in Abstimmung mit dem Construction-Management z. B. die Arbeitskräftedichte zu überprüfen, damit die Arbeitskräfte ungehindert und sicher arbeiten können.

Weiterhin werden ggf. Brandwachen beim Schweißen gebraucht. Es empfiehlt sich, diesen Punkt als Ressource miteinzuplanen.

Testing und Pre-Comissioning (Inbetriebnahme)

7

Am Ende des Construction-Abschnittes werden die Einzelequipments und/oder die Anlage bzw. Teilanlage für den Betrieb vorbereitet. Dies wird auch als Testing und Pre-Comissioning (Inbetriebnahme) bezeichnet. Tabelle 7.1 stellt die Inbetriebnahmeativitäten zusammen.

Tabelle 7.1: *Inbetriebnahmeaktivitäten*

Inbetriebnahmeaktivitäten (Comissioning)	Bemerkung
Reinigung, Austrocknung	
Justieren der Mess-, Regelungs- und Steuerungstechnik (MSR), Überprüfung der Motordrehrichtungen	
Füllen der Anlage	
Dichtheitskontrolle	
Funktionsprüfung	
Kennzeichnung	
Inbetriebnahme	
Messprotokoll	
Überarbeitung der Dokumentation auf den IST-Zustand	
Übergabe	
Schulung des Key-Betriebpersonals	
Nachkalkulation	

Nach der Inbetriebnahme wird der Projektscope an den Betrieb (Abteilungsbezeichnung innerhalb eines Unternehmens) zum Betreiben der Anlage übergeben.

Dieser Abschnitt stellt die klassischen Aktivitäten für die Inbetriebnahme zusammen. Diese Aktivitäten sind projektspezifisch und unternehmensspezifisch anzupassen, sodass sie der entsprechenden Unternehmensphilosophie genügen. Die dokumentierten Aktivitäten bilden eine Basis für das Projekt und dienen dem Terminplaner zur Orientierung.

8 Terminplanterminologie (Terminplanbegrifflichkeiten bzw. Bausteine der Terminplanung)

8.1 Projektmanagement – Projektmanagementsysteme

Das Grundgerüst für die Terminplanung ist das Projektmanagement. Die DIN 69901 fasst in fünf Teilnormen das Projektmanagement und die Projektmanagementsysteme zusammen [DIN69901-1] bis [DIN69901-5]:

- Teil 1: Grundlagen
- Teil 2: Prozesse
- Teil 3: Methoden
- Teil 4: Datenmodell
- Teil 5: Begriffe

Für Details und Stand der Technik wird auf diese Literatur verwiesen.

8.2 Terminplanterminologie

[Biel13], [Repp16] und [Wuer17] fassen die Terminplanterminologie zusammen. Die Literaturstellen dokumentieren und veranschaulichen u. a. die folgenden Begriffe:

- Netzplantechnik
- Ablaufplanung
- Dauerplanung
- Terminplanung
- Vorgang
- Sammelvorgang
- Dauer
- Ereignis

- Meilenstein
- Critical Path Method (CPM)
- Puffer

8.3 Terminplanungssoftware

In der Industrie sind eine Anzahl von Terminplanungssoftwaren verfügbar. Die bekanntesten sind Microsoft Projekt© von Microsoft und Primavera© von Oracle, siehe [MICR22] und [PRIM22].

Zur Vollständigkeit wird hier noch auf Roser ConSys© verwiesen. Roser ConSys© von Prometheus Group ist eine Planungssoftware, welche insbesondere in Stillständen eingesetzt wird, siehe [PROM22].

Zur Wortabgrenzung wird hier zwischen Terminplanungssoftware und Planungssoftware unterschieden. Bei der Planungssoftware wird die Planung zusammengefasst und hieraus die Aktivitäten abgeleitet, welche in der Terminplanungssoftware zeitlich und logisch abgebildet werden.

Zusätzlich zu den Terminplanungssoftwaren gibt es sogenannte Reader, um die Microsoft Project© sowie Primavera© Originalfiles zu lesen und/oder zu reviewen. Diese Möglichkeit ist insbesondere für Primavera© Files interessant, da die Handhabung von Primavera© Fachkenntnisse erfordert und nicht intuitiv ist. Mit dieser Möglichkeit kann z. B. der PM das Originalfile lesen und seine ersten Untersuchungen anstellen, ohne in den Projektterminplaner selbst zu schreiben.

Zur Handhabung dieser Terminplansoftwarepakete wird auf die Manuals der entsprechenden Unternehmen verwiesen. Weitere Details sind u. a. in [Inte09] für Primavera© und in [Albu04] sowie [Muir11] für Microsoft Project© dokumentiert. Vor dem Studieren der Manuals und der Literatur ist die aktuelle Version des Terminplansoftwarepakets für ein effizientes Arbeiten zu prüfen, auch wenn die Grundfunktionen wie z. B. *Aktivitäten anlegen* i. d. R. gleich aufgebaut sind.

8.4 Basisterminplan

Nach der Finalisierung des Terminplans im Projektteam und der anschließenden Freigabe beim DG wird diese Version als Basisterminplan abgespeichert. Hiermit „friert" man den Terminplan als einen SOLL-Terminplan ein und hat somit immer den Vergleich zwischen dem aktuellen Projektstatus (IST-Terminplan auf Basis des Projektstatuses bzw. -fortschritts, dieser weicht i. d. R. von der Ursprungsplanung ab) und dem Basisterminplan (SOLL-Terminplan, also dem Zustand, den man bei Projektstart vereinbart hat). Abbildung 7.1 veranschaulicht diesen Zusammenhang.

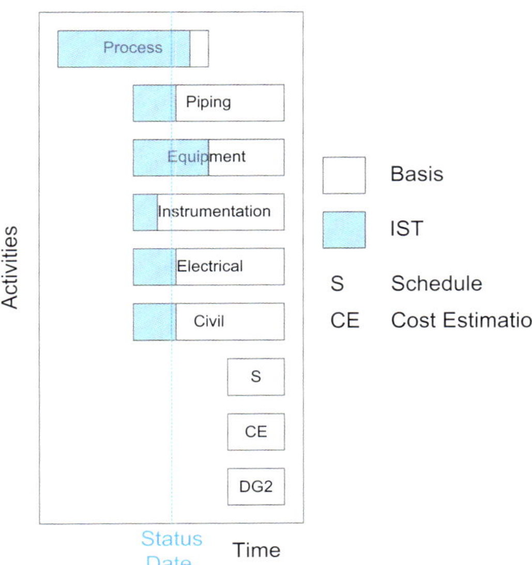

Abbildung 8.1:
IST-Terminplan (aktueller Projektstatus) vs. SOLL-Terminplan (Basisterminplan)

8.5 Resourceloading

Zur Projektbearbeitung sind Ressourcen erforderlich. Die signifikantesten Ressourcen sind:

- Projektteam
- Engineeringpartner
- Zulieferer (Vendor/Supplier)
- ausführende Partner (Contractoren)
- Sachmittel wie Krane etc.

Bei der Terminplanerstellung werden die entsprechenden Ressourcen der geplanten Aktivität zugeordnet. Hierdurch werden die Verantwortlichkeiten eindeutig definiert. Weiterhin werden die Arbeitswerte für die geplante Aktivität abgeschätzt. Hierdurch lässt sich überprüfen, ob die verfügbaren Ressourcen ausreichend sind. Das Zuweisen der verfügbaren Ressourcen wird als *Resourceloading* bezeichnet.

[Alam16] weist in seinen Ausführungen auf den Ressourcenplan hin. Dieser fasst die Personal- und Sachmittel zusammen. Eine Begriffsdefinition gibt [DIN 69901-5].

8.6 Nivellieren

Nivellieren ist das Vergleichmäßigen von den zur Verfügung stehenden Ressourcen und dem entsprechenden Arbeitsaufwand. Hierbei liegt der Fokus auf der gleichmäßigen Auslastung unter Berücksichtigung der entsprechenden Randbedingungen.

8.7 Verlinkungsphilosophie

Die Verlinkungsphilosophie fasst die logische Verknüpfung der Aktivitäten zusammen. Es wird empfohlen, mit zwei Meilensteinen für Beginn und Ende zu arbeiten. Alle Aktivitäten sollten miteinander und/oder untereinander logisch und plausibel verknüpft werden. Die erste Aktivität wird mit dem Startmeilenstein und die letzte Aktivität mit dem Endmeilenstein verknüpft. Diese Vorgehensweise gewährleistet, dass der Terminplan bei der Projektausführung nach entsprechender Fortschrittsmeldung immer den aktuellen kritischen Pfad anzeigt. Es liegt im „Natur des Gesetzes“, dass es bei der Projektausführung immer wieder zu Abweichungen zwischen dem Projektstatus und dem Basisterminplan kommt. Wichtig ist dann hierbei, dass der kritische Pfad ersichtlich ist und ggf. Gegenmaßnahmen eingeleitet werden können, um den Sollzieltermin für das RFSU einzuhalten.

Folgende Verknüpfungen sind möglich, siehe u. a. auch Abschnitt 3.9:

- Ende-zu-Start
- Ende-zu-Ende
- Start-zu-Ende
- Start-zu-Start

Für weitere Details zur Verlinkungsphilosophie wird auf [Biel13] und [Repp16] verwiesen.

8.8 Bedingungen (Constraints)

Bei den Bedingungen unterscheidet man zwischen:

- Hardcontraint und
- Softconstraint.

Hardconstraint ist eine Bedingung für einen Meilenstein, eine Aktivität etc. mit fixen Randbedingungen, wie z. B., dass die Aktivität an einem fest vorgegebenen Termin startet. Bei einem Softconstraint sind die Randbedingungen „weicher“ definiert, wie z. B. Start des entsprechenden Meilensteins an einem fest vorgegebenen Termin oder später.

Zu der Constraints-Thematik siehe u. a. auch die Definition in [THEP21].

8.9 Kritischer Pfad

Der kritische Pfad (Critical Path) gibt i. d. R. die Gesamtlaufzeit des Projektes nach der Critical Path Method (CPM) vor, siehe hierzu auch [Alam16].

Abbildung 8.2 zeigt ein Beispiel für die Berechnung des kritischen Pfades. Hierbei wird durch die rote Linie der kritische Pfad veranschaulicht. Damit lässt sich die Gesamtdauer des Projekts bestimmen.

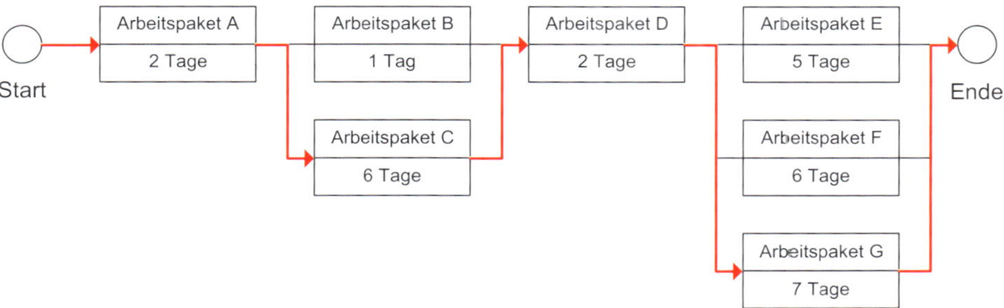

Abbildung 8.2: *Kritischer Pfad*

Beim kritischen Pfad ist formal der Puffer null. Zusätzlich zum kritischen Pfad wird in der Praxis auch der „Near Critial Path" generiert. Hier ist der Puffer ungleich null. Verschiebungen sowie Verzögerungen von Aktivitäten können schnell dazu führen, dass sich der Near Critical Path als neuer kritischer Pfad herauskristalisiert. Daher wird bei der kritischen Pfadanalyse neben dem kritischen Pfad auch der Near Critical Path analysiert.

8.10 Work Breakdown Structure

Insbesondere große Projekte werden vom Projektmanagement für eine strukturierte und transparente Abwicklung in einzelne Arbeitspakete zerlegt. Dieses Vorgehen wird im Projektstrukturplan (PSP) bzw. der Work Breakdown Structure (WBS) abgebildet, siehe hierfür u. a. [Repp16].

8.11 Projektcontrolling bzw. Progresskurven

Projektcontrolling wird aus drei signifikanten Gründen fokussiert (siehe u. a. auch [Alam16]):

- Projektkontrolle bzw. -status: Abgleich IST-Zustand vs. SOLL-Zustand.
- Projektsteuerung: Definition der nächsten Aktionen auf Basis der Projektkontrolle.
- Trendanalyse: Hier müssen Fragen geklärt werden wie:
  - Hat sich das Projektende verschoben?
  - Hat sich der kritische Pfad geändert?
  - Sind ggf. neue Near Critical Paths hinzugekommen?

Der Abgleich des IST-Zustandes vs. den SOLL-Zustand wird auf Basis von Fortschrittsberichten vorgenommen. Ein Typ von Fortschrittsberichten sind z. B. Progresskurven, welche aus dem Terminplan auf Basis der zugewiesenen Stunden je Aktivität (siehe Kapitel 3 und 6) abgeleitet werden. Die SOLL-Kurve lässt sich aus dem SOLL-Terminplan (Basisterminplan) und die IST-Kurve aus dem IST-Terminplan (aktueller Projektstatus) ableiten, siehe u. a. auch Abschnitt 8.4.

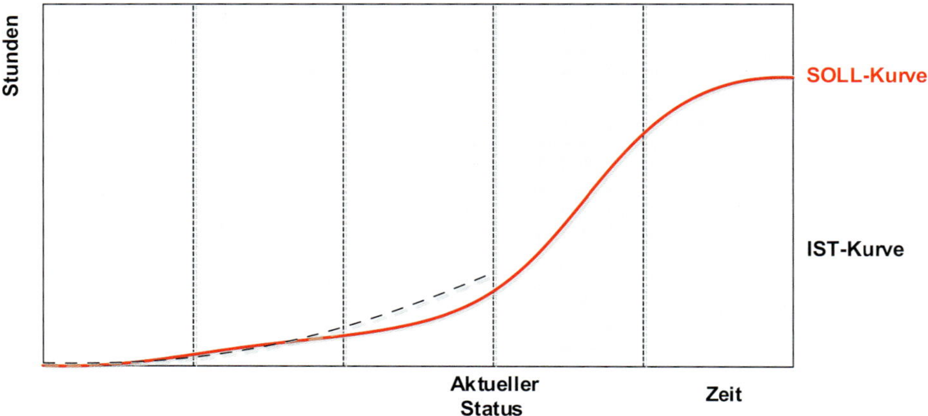

Abbildung 8.3: *IST-Kurve vs. SOLL-Kurve*

Abbildung 8.3 zeigt den Vergleich einer IST-Kurve mit der SOLL-Kurve. Für weitere Details zum Projektcontrolling siehe u.a. auch [WUER17] und [DIN69901-4].

8.12 Layouts

Für einen schnellen Überblick über den Terminplan und für die Terminplanlesbarkeit sollte der Terminplan immer den gleichen Aufbau und das gleiche Erscheinungsbild haben. Dies lässt sich mit vordefinierten Layouts erreichen. Die favorisierten Layouts sind als Templates (Vorlagen) abzuspeichern. Diese Vorgehensweise erleichtert u. a. auch die Terminplanstandardisierung.

8.13 Terminplan-Challenge

Bei Decision Gates wird das Engineeringpaket mit der Kostenschätzung und dem Terminplan konstruktiv kritisch überprüft und gechallenged. Für die Terminplanchallenges stellt der Anhang zwei verschiedene Templates zur Verfügung:

- Schedule Challenges at Decision Gates
  (Terminplan-Challenges beim Decision Gate), siehe Anhang A.5 und
- Schedule Challenges at Schedule Updates
  (Terminplan-Challenges beim regelmäßigen Terminplan-Update, Abschnitt 3.5), siehe Anhang A.6.

Das erste Template ist für die Terminplan-Challenges beim Decision Gate vorgesehen, das zweite für solche bei Schedule Updates. Der Terminplan wird im Gegensatz zur Kostenschätzung regelmäßig entsprechend dem Fortschritt aktualisiert.

Bei den Terminplan-Challenges sind zwei verschiedene Prüfungen erforderlich. Das erste ist die formale Prüfung. Diese kann überwiegend vom Terminplaner durchgeführt werden und umfasst folgende Punkte:

- Vollständigkeitsanalyse
  (Ist das komplette Terminplanpaket abgegeben?)
- Layoutanalyse
  (Entsprechen die Layouts den Vorgaben?)
- Logikanalse
  (Wie sieht die Verknüpfungsphilosphie aus?)
- DCMA-Analyse, siehe auch [DCMA12]
  (Qualitätsanalyse für Logik etc.)
- Milestoneanalyse
  (Sind die Meilensteine verschoben?)

Bei der Vollständigkeitsanalyse wird geprüft, ob das Terminplanpaket vollständig für die Analyse ist. Zur Vollständigkeit gehören immer:

- Terminplan Level 1
- Terminplan Level 3
- Kritischer Pfad-Terminplan
- Basis of Schedule
- Original file (Native file, also der Primavera© File, Microsoft Project© File etc.)
- Layout Files

Für die formale Analyse können u. a. auch hierfür vorgesehene Softwaretools eingesetzt werden, wie z. B. Acumen Fuse von Deltek [ACUM23]. Hier ist auch die DCMA-Analyse integriert [DCMA12]. Die [DCMA12] dokumentiert eine Reihe von Überprüfungskriterien für die Terminqualität wie:

- Verknüpfungstypen
- fehlende Terminplanlogik
- negative Pufferzeiten
- sehr große Pufferzeiten
- Aktivitäten mit nicht erfüllten Constraints

Zusätzlich zur formalen Prüfung erfolgt die inhaltliche Prüfung. Dieser Punkt kann vom Terminplaner vorbereitet werden, ist aber im Team abzustimmen. Hierbei werden u. a. die folgenden Punkte konstruktiv kritisch hinterfragt:

- Prüfung des kritischen Pfades
- Long Lead Items (LLI)
- Construction-Strategie
- Procument-Strategie
- Sicherheits-Strategie

8.14 Risk Register

In jedem Projekt gibt es Risiken. Für eine robuste Projektdurchführung müssen diese Risiken identifiziert und mit ihrem Einfluss auf den Terminplan und die Kosten analysiert und dokumentiert werden. Dies kann in einem Excel-File oder auch beispielsweise in P6 Risk Module erfolgen. Diese Software ist u. a. in [Wohl22] beschrieben. Für weitere Details zur Vorgehensweise beim Riskmanagement wird u. a. auf [Alam16] verwiesen.

8.15 Projektorganigramm

Die Projektorganisation wird in einem Organigramm zusammengefasst und dokumentiert. Hierbei ist u. a. auch die Rollenzuordnung klar zu benennen, siehe [Alam16] für Details. Der Anhang stellt hierfür ein Template zur Verfügung, siehe Anhang A.10.

8.16 Cost and Schedule Risk Analyse (CSRA)

Die Laufzeit des Projektes wird nach der Critical Path Methode (CPM, Kritischer Pfad) ermittelt. Die Berechnung der klassischen Projektlaufzeit ist damit deterministisch. Das Projektende ergibt sich durch das logische Planen der Aktivitäten mit ihren Dauern und Verknüpfungen. Ist die Terminplanberechnung mit dem Einfluss der entsprechenden Risiken (Ungewissheiten sowie Risiken) zu bestimmen, müssen probabilistische Ansätze herangezogen werden. Hierfür lässt sich die *Programm Evaluation and Review Technique Methode* (PERT) heranziehen. Hierbei werden die Aktivitäten in dem Terminplan mit den Risiken verknüpft und mithilfe einer Monte-Carlo-Simulation mehrmals simuliert, i. d. R. ca. 10 000 Mal. Für weitere Details wird auf [Wohl20] und [Wohl22] verwiesen.

Für die CPM-Methode kommen die bekannten klassischen Terminplanungssoftwaren zum Einsatz. Für die PERT-Methode eignet sich u. a. die Primavera© Risk Analysis von Oracle [ORAC22]. Dieser Prozess lässt sich außer für den Terminplan auch für die Kostenschätzungen einsetzen.

8.17 Behördengenehmigungen

Behörden-Engineering sowie rechtzeitige Behördengenehmigungen sind neben dem Scope Engineering essenziell im Projektverlauf. Beide Punkte sind im Terminplan zu fokussieren. Hier ist die QHSSE-Fachabteilung (Quality Healthy Safety Security and Environment) mit einzubeziehen.

8.18 Rahmenterminplan (Framework Schedule)

Ein Rahmenterminplan fasst die Termine in Form von Meilensteinen oder Aktivitäten zusammen, die im Terminplan einzuhalten sind. In diesem Rahmenterminplan sind übergeordnete Ziele des Managements definiert, wie z. B. das RFSU-Datum, also ab wann die Anlage in Betrieb sein muss, damit produziert, verkauft und Umsatz sowie Gewinn erzielt wird. Siehe u. a. auch [Wuer17] für weitere Details.

8.19 Kalender

Im Terminplan müssen die Aktivitäten einem Kalender zugrunde liegen, dem sogenannten Arbeitskalender. Dieser Arbeitskalender definiert:

- die Arbeitstage,
- die Arbeitsstunden pro Tag,
- die Wochenenden und
- die Feiertage sowie die
- Urlaubstage.

Bei der Terminplanberechnung greift das System auf die Kalender zu und aktualisiert entsprechend alle Aktivitäten.

Das folgende Beispiel soll diesen Punkt einmal veranschaulichen. Eine Aktivität dauert 7 Tage. Für den Arbeitskalender und die Berechnung gibt es mehrere Optionen:

- Keine Arbeiten an den Wochenenden:
  Mit dieser Definition dauert dieser Vorgang exakt 9 Kalendertage, wenn die Arbeiten zu Wochenbeginn am Montag anfangen.
- Arbeiten finden auch an Wochenende statt:
  Mit dieser Definition dauert dieser Vorgang exakt 7 Kalendertage.
- Arbeiten finden zweischichtig statt, aber nicht an den Wochenenden:
  Mit dieser Definition dauert dieser Vorgang exakt 3,5 Kalendertage, wenn jeweils pro Tag in zwei Schichten gearbeitet wird und die Arbeiten an einem Montag oder Dienstag beginnen.

8.20 Terminplanberechnung

Neben der CPM- und PERT-Methode (siehe Abschnitt 8.16) gibt es nach [Stom76] noch die Metra Potential Methode (MPM). Auch diese Methode basiert auf der Netzplantechnik. Für Details wird u. a. auf [Stom76] verwiesen.

Weitere Details zu dieser Thematik sind z. B. auch in [Alan71] und [Bran73] dokumentiert.

8.21 Turnaround bzw. Stillstand

Terminpläne für den Turnaround bzw. Stillstand sind als Level 5-Pläne auszuführen, d. h. die Terminplandetaillierungsbasis sind Stunden. Bei den Stillstandsterminplänen ist zwischen zwei Optionen zu unterscheiden:

- Stillstände mit reinem Inspektions- bzw. TÜV-Scope oder
- Stillstände mit zusätzlichen Projektscope.

Für die Integration von Projekten in Stillständen gibt [EPCM23] eine Reihe von Empfehlungen für ein effizientes Arbeiten. Hierbei wird das Bewusstsein u. a. für die folgenden Themen geschärft:

- der Teufel steckt im Detail,
- besser aufeinander eingehen,
- (k)einer ist immer Schuld und
- die Chance der Vernetzung.

8.22 Changes

Ein ideales Projekt zeichnet sich dadurch aus, dass keine Änderungen (Changes in Design und Ausführung) während der Projektaufführung (inbs. in Execute) vom Projektteam bearbeitet werden müssen. Changes bedeuten Änderungen zu der ursprünglichen Planung, welche in der Regel immer einen negativen Kosten- und Terminplaneinfluss bedeuten. Weitere Details sind u. a. [KAR20] zu entnehmen.

8.23 Terminplanspezfische Ergänzungen

Zur Vollständigkeit sei darauf hingewiesen, dass die Honorarordnung für Architekten und Ingenieure [HOAI22] den Terminplan in verschiedene Leistungsphasen einteilt. Dieses soll die Wichtigkeit der Terminplanung im gesamten Planungs- und Bauablauf verdeutlichen. Für Details wird auf [HOAI22] und [WUER17] verwiesen.

Weitere terminplanspezifische Punkte werden u. a. in [ALAN71], [FERN05] und [Yeh01] vorgestellt:

- [ALAN71] fokussiert hierbei auf Netzplantechnik,
- [FERN05] umfasst die Planung und Steuerung von Projekten,
- [Yeh01] stellt in seiner Dissertation die Projektplanung am Beispiel einer Universitätsolympiade vor.

Tabelle 8.1 stellt weitere Literaturstellen ohne eine Verlinkung zu den Textausführungen zusammen, die die Terminplanpunkte fokussieren.

Tabelle 8.1: *Weitere Literatur und Referenzen*

Literatur	Stichworte
[ALBE85]	Projekterminplanung, Kapazitätsprofile, Konsistenzanalyse
[BEAF14]	Projektplanung
[BEND19]	Kostenmanagement
[BIEL07]	Terminplanung, Baukosten

Tabelle 8.1: *Weitere Literatur und Referenzen – Fortsetzung*

Literatur	Stichworte
[Biel18]	Terminplanung
[Bohi19]	Projektmanagement
[Bran73]	Terminplanungssystem
[Bund18]	Großprojekte
[Comb70]	Kostenoptimal, Terminplanung
[Cook16]	Turnaround
[Cran15]	Management, Performance
[DACE15]	Price Booklet
[Dema98]	Projektmanegement
[DIN69900]	Projektmanagement, Netzplantechnik
[DINEN82045]	Dokumentenmanagement
[Faya09]	Engineering-Prozess
[Gran05]	Innovationen
[Guen15]	Anlagenbau, Baustellenmanagement
[Hagh21]	Construction, Künstliche Intelligenz
[Harr18]	Planning, Controlling
[Hran05]	Innovationen
[Kaen20]	Projekte und Projektmanagement
[Kalu20]	Terminplanung
[Klei08]	Projektplanung
[Kueh87]	Produktionsmengen, Produktionsterminplanung
[Kuet15]	Kennzahlen, Erfolg, Projekte
[Lieb14]	Projektmanagement, Anlagenbau
[Lueh13]	Kostenschätzung, Anlagenbau
[Mord14]	BIM (Building Information Modeling), Construction
[NN21]	Construction, Project, Schedule
[Papp67]	Warteschlangenmodelle, Terminplanung
[Quin10]	Projektcontrolling
[Ripp20]	Entwicklung, Planung, Verfahrenstechnik
[Sack18]	BIM (Building Information Modeling)
[Stoc20]	5D-Planungsmodelle
[Thak15]	Process, Engineering, Design
[Thom18]	Projeksteuerung, Anlagenbau
[Tulk09]	Terminplanung, Bauwerksinformationsmodellen
[VDI2209]	3D-Produktmodellierung
[VDI3695]	Engineering, Anlagen
[Vock16]	Planung, Bauausführung, Organisation
[Voss06]	Projektcontrolling
[Wagn13]	Projektmanagement

Tabelle 8.1: *Weitere Literatur und Referenzen – Fortsetzung*

Literatur	Stichworte
[WEBE68]	Terminplanung, Bauwesen
[WUTT14]	Projektmanagement
[WYSS79]	Terminplanung, Terminsteuerung, Sachgüterproduktion
[WIKI21]	Terminplanung

9 Zusammenfassung und Ausblick

Der Projektterminplan fasst den Projektscope unter Berücksichtigung der Businessziele wie RFSU sowie der Projektrandbedingung wie z. B. EPC oder EPCm zusammen und ordnet diese in einer zeitlichen Sequenz. Hierbei gilt es zu beachten, dass der Terminplan keine To-do Liste ist. Es werden alle Key Aktivitäten für die Fachabteilungen und Gewerke dokumentiert.

Die Terminplanerstellung ist keine Standalone-Aufgabe des Terminplaners. Der Terminplaner fasst den Projektscope sowie die bekannten Randbedingungen zusammen. Dieser Plan wird im Rahmen von Interactive Sessions mit dem gesamten Projektteam komplettiert und finalisiert.

Im Rahmen dieses Fachbuches stand die Erfassung der Kosten nicht im Fokus. Diese lassen sich in den Terminplan integrieren. So hat man entsprechend dem Projektstatus und -fortschritt die entsprechenden Kosten bzw. das verbrauchte Budget im Blick. Primär ist aber der Fokus dieses Buches, die Terminplangrundlagen mit der entsprechenden Philosophie in den einzelnen Projektphasen den Lesern zu vermitteln.

Die im Buch angegeben Informationen dienen zur Orientierung. Sie sind sowohl unternehmenspezifisch als auch projektspezfisch anzupassen.

Die klassische Projektentwicklung umfasst die Themen Engineering mit dem 3D-Modell der Anlage, Kosten und Terminplan. Durch die Integration von Kosten und Terminplan in das 3D-Modell findet der Übergang von der 3D-Planung zur 5D-Planung statt. Das Essenzielle bei der 5D-Planung ist die integrierte Datenbasis, die es erlaubt, Engineering, Kostenschätzung sowie Terminplan in Echtzeit zu entwickeln. Hierdurch wird das Planen, Bauen und Betreiben von Anlagen effizienter. Aktuelle Entwicklungen zeigen, dass Unternehmen bestrebt sind, ihre Projekte nach diesem Ansatz zu entwickeln, um diese Vorteile zu nutzen, vergleichbar wie beim Building Information Modelling (BIM) Ansatz. BIM ist eine Methode zur Planung, Ausführung und Verwaltung von Bauprojekten. Es handelt sich um einen integrierten Ansatz, beim dem alle relevanten Informationen und Daten über ein Bauwerk in einem digitalen Modell zusammengeführt werden.

Literaturverzeichnis

10

[ACUM23] N., N.: Acumen Fuse.
Project Schedule Analysis and Diagnostics.
Project Schedule Analysis | Deltek Acumen Fuse, aufgerufen am 20-03-2023.

[ALAM16] Alam, D. und Gühl, U.: Projektmanagement für die Praxis.
Ein Leitfaden und Werkzeugkasten für erfolgreiche Projekte.
Berlin: Springer-Verlag 2016.

[ALAN71] Al-Ani, A.: Praxis der Projektplanung mit der Netzplantechnik.
Köln: Dr. Otto Schmidt KG 1971.

[ALBE85] Albers, E.: Konsistenzanalyse von Kapazitätsprofilen bei der Projektterminplanung.
Köln: Schriftenreiche Prof. Dr. W. Matthes, Arbeitsbericht Nr. 64, 1985.

[ALBU04] Albuschat, A.: Praktische Projekteplanung mit Microsoft Project.
Version 2003.
Herdecke: W3L GmbH 2004.

[BALD18] Baldwin, M.: Der BIM-Manager. Praktische Anleitung für das BIM-Projektmanagement.
Berlin: Beuth Verlag 2018.

[BEAF14] Bea, F. X.; u. a.: Praxis der Projektplanung.
Konstanz: UVK Verlagsgesellschaft 2014.

[BEND19] Bendeich, E.: Kostenmanagement in Entwicklung und Konstruktion.
Würzburg: Vogel Verlag 2019.

[BIEL07] Bielefeld, B. und Feuerabend, T.: Baukosten und Terminplanung.
Grundlange – Methoden - Durchführung.
Basel: Birkhäuser Verlag 2007.

[BIEL13] Bielefeld, B.: Basics. Professional Practice. Construction Schedule. Basel: Birkhäuser Verlag GmbH 2013.

[BIEL18] Bielefeld, B.: Basics. Berufspraxis. Terminplanung. Basel: Birkhäuser Verlag 2018.

[BOHI19] Bohinc, T.: Grundlagen des Projektmanagements. Methoden, Techniker und Tools für Praktiker. Offenbach: GABAL Verlag 2019.

[BRAN73] Brankamp, K.: Ein Terminplanungssystem für Unternehmen der Einzel- und Serienfertigung. Würzburg: Physica-Verlag 1973.

[BUCH21] Bucher, K. und Wittling. M.: Projektsteuerung für den Großanlagenbau bei ThyssenKrupp Process Technologies / Uhde. Dortmund: Firmenschrift 2021.

[BUCH13] Bucher, K. und Wittling, M.: Projektsteuerung für den Großanlagenbau. DOAG 2013 Application, 09-10 bis 11-10-2013. Dortmund: Vortrag 2013. https://www.doag.org/formes/servlet/DocNavi?action=getFile&did=7739925&key=, aufgerufen am 06-01-2022.

[BUND18] N., N.: Leitfaden Großprojekte. Berlin: Leitfaden vom Bundesministerium für Verkehr und digital Infrastruktur 2018. https://www.bmvi.de/SharedDocs/DE/Publikationen/G/leitfaden-grossprojekte.html, 10-01-2022.

[COMB70] Combes, E. J. des: Äquivalenzbeweis der Algorithmen von Ford-Fulkerson und von Kelley und Verfahrensvergleich bezüglich der kostenoptimalen Terminplanung. Dissertation. Zürich: Universität Zürich 1970.

[COOK16] N, N.: Jahrbuch Turnaround 2016. Berlin: T.A. Cook & Consultants GmbH 2016.

[CRAN15] Crandall, E. R. und Crandall R. W.: How Management Programs Can Improve Performance. Selecting and Implementing the Best Program for Your Organization. North Carolina: Information Age Publishing, Inc. 2015.

[DACE15] N., N.: Price Booklet. Nijkerk: dace 2015.

[DACE18] N., N.: DACE Labour Norms V2.
Nijkerk: dace 2018.

[DCMA12] N., N.: Earned Value Management System (EVMS). Program Analysis Pamphlet (PAP). https://www.dcma.mil/Portals/31/Documents/Policy/DCMA-PAM-200-1.pdf?ver=2016-12-28-125801-627.

[DEMA98] DeMarco, T.: Der Termin. Ein Roman über Projektmanagement.
München: Carl Hanser Verlag 1998.

[DIN10628] N., N.: DIN EN ISO 10628. Fließschemata für verfahrenstechnische Anlagen – Allgemeine Regeln (ISO 10628:1997).
Berlin: Beuth Verlag GmbH 2001.

[DIN10628-1] N., N.: DIN EN ISO 10628-1. Schemata für die chemische und petrochemische Industrie – Teil 1: Spezifikation der Schemata (ISO 10628-1:2014).
Berlin: Beuth Verlag GmbH 2015.

[DIN10628-1B] N., N.: DIN EN ISO 10628-1 Beiblatt 1. Schemata für die chemische und petrochemische Industrie – Teil 1: Spezifikation der Schemata, Beiblatt 1: Nationale Ergänzungen zur Anlagenkennzeichnung und Kennbuchstaben.
Berlin: Beuth Verlag GmbH 2016.

[DIN10628-2] N., N.: DIN EN ISO 10628-1. Schemata für die chemische und petrochemische Industrie – Teil 2: Graphische Symbole (ISO 10628-2:2012).
Berlin: Beuth Verlag GmbH 2013.

[DIN69900] N., N.: DIN 69900. Projektmanagement – Netzplantechnik; Beschreibung und Begriffe.
Berlin: Beuth Verlag GmbH 2009.

[DIN69901-1] N., N.: DIN 69901-1. Projektmanagement – Projektmanagementsysteme – Teil 1: Grundlagen.
Berlin: Beuth Verlag GmbH 2009.

[DIN69901-2] N., N.: DIN 69901-2. Projektmanagement – Projektmanagementsysteme – Teil 2: Prozesse, Prozessmodell.
Berlin: Beuth Verlag GmbH 2009.

[DIN69901-3] N., N.: DIN69903-3. Projektmanagement – Projektmanagementsysteme – Teil 3: Methoden.
Berlin: Beuth Verlag GmbH 2009.

[DIN69901-4] N., N.: DIN69901-4. Projektmanagement – Projektmanagementsysteme – Teil 4: Daten, Datenmodell.
Berlin: Beuth Verlag GmbH 2009.

[DIN69901-5] N., N.: DIN 69901-5. Projektmanagement – Projektmanagementsysteme – Teil 5: Begriffe.
Berlin: Beuth Verlag GmbH 2009.

[DINEN82045] N., N.: DIN EN 82045-1. Dokumentmanagement – Teil 1: Prinzipien und Methoden.
Berlin: Beuth Verlag GmbH 2002.

[EPCM23] N., N.: FIT4TAR – Strategie & Taktik. Turnaround versus Projekt?
ep-cm Newsletter, 02.02.2023.
Düsseldorf: ep-cm Firmen Newsletter 2023.

[FAYA09] Fay, A.; u.a.: Wie kann man den Engineering-Prozess systematisch verbessern.
In: atp 1-2.2009. Seite 80-85.
Essen: Vulkan-Verlag 2009.

[FERN05] N., N.: Projektmanagement. Grundkurs zur Planung und Steuerung von Projekten.
Hagen: FernUniversität Hagen 2005.

[FING90] Fingrhut, H.: Projektierung im Anlagenkapitalbedarf von Chemieanlagen.
In: Chemie Ingenieur Technik (62), Nr. 12, S. 1007 – 1017.
Weinheim: VCH Verlagsgesellschaft mbH 1990.

[GRAN05] Granig, P.: Bewertung und Steuerung von Innovationen.
Dissertation.
Klagenfurt: Alpen-Adria Universität Klagenfurt 2005.

[GUEN15] Günther, T.: Baustellenmanagement im Anlagenbau.
Von der Planung bis zur Fertigstellung.
Berlin: Springer-Verlag 2015.

[HAGH21] Haghsheno, S.: Lean Construction und Künstliche Intelligenz für die Bauwirtschaft. Widerspruch oder Synergie?
Karlsruhe: KIT Seminar 2021.

[HARR18] Harris, P. E.: Planning & Control Using Oracle Primavera P6.
Victoria: Harris 2018.

[HOAI22] N., N.: HOAI 2013 Volltext.
Honorare für Architekten- und Ingenieurdienstleistungen. https://www.hoai.de/hoai/volltext/hoai-2013/, aufgerufen am 28-10-2022.

[HRAN05] Granig, P.: Bewertung und Steuerung von Innovationen.
Dissertation.
Klagenfurt: Alpen-Adria Universität Klagenfurt 2005.

[INTE09] N., N.: Handbuch Primavera P6 v7.
Unveröffentlichtes Skript.
Landshut: INTECO 2009.

[KAEN20] Känel, S. v.: Projekte und Projektmanagement.
Wiesbaden: Springer Gabler Verlag 2020.

[KAR20] Kar, I., Berz, M.: Kostenschätzung im Anlagenbau.
Würzburg: Vogel Communications Group GmbH & Co. KG 2020.

[KALF14] Kalff, A.: Systematik im Planungsablauf als Baustein des Projekterfolges.
Lunch & Learn im September 2014 Firmenschrift.
Frankfurt: Siemens 2014.

[KALU20] Kalusche, W.: Handbuch Terminplanung für Architekten.
Stuttgart: BKI Baukosteninformationszentrum Deutscher Architektenkammern GmbH (Verlag) 2020.

[KBR18] N., N.: Front End Loading Process.
Houston: Company Release of KBR 2018.

[KLEI08] Klein, H.: Basics. Projekplanung.
Basel: Birkhäuser Verlag 2008.

[KOMP20] N. N.: Schnellstart KI. Potentiale der Künstlichen Intelligenz nutzen. Information für Entscheidungsträger in kleinen und mittelständischen Unternehmen.
Sankt Augustin: Kompetenzplattform KI.NRW 2020.

[KUEH87] Kühnle, H.: Produktionsmengen- und Terminplanung bei mehrstufiger Linienfertigung. tung der verschiedenen Phasen und Aktivitäten im
Bauprozess. Berlin: Springer-Verlag 1987.

[KUET15] Kütz, M.; u.a.: Mit Kennzahlen zum Erfolg. Projekte, Programme und Portfolios systematisch steuern.
Angebots- und frühe Basic Engineering Phase.
Düsseldorf: Symposion 2015.
https://www.projektivisten.de/fileadmin/_migrated/content_uploads/Mit-Kennzahlen-zum-Erfolg.pdfMit Kennzahlen zum Erfolg - Projekte, Programme und Portfolios systematisch steuern (projektivisten.de), 30-12-2021.

[LIEB14] Liebfahrt, W.: Projektmanagement im Anlagenbau
Masterarbeit.
Fohnsdorf: Hochschule Mittweida 2014.

[LUEH13] Lühe, C.: Modulare Kostenschätzung als Unterstützung der Anlagenplanung für die Angebots- und frühe Basic Engineering Phase.
Dissertation.
Berlin: Technische Universität Berlin 2013.
https://depositonce.tu-berlin.de/bitstream/11303/3862/1/Dokument_38.pdf, 29-12-2021.

[MERR11] Merrow, E. W.: industrial megaprojects. Concepts, Strategies, and Practices for Success.
New Jersey: John Wiley & Sons, Inc. 2011.

[MORD14] Mordue, S. und Finch R.: BIM for Construction Health and Safety.
Newcastle: RIBA Publishing 2014.

[MICR22] N., N.: Microsoft Projekt. Meet the simple, powerful reimagined Projekt for everyone. https://www.microsoft.com/en-ww/microsoft-365/project/project-management-software?market=af, 24-10-2022.

[MUIR11] Muir, N. C.: Microsoft Project 2010 für Dummies.
Weinheim: Wiley-Vch Verlag 2011.

[NEWS20] N., N.: Anwendungen im Bereich Erdung und Potentialausgleich.
Schutz vor elektrostatischen Ladungen in Gefahrenbereichen.
Ausgabe 3.
Nottingham: Newson Gale Ltd 2020.

[NN21] N., N.: Five critical steps to build the best construction project schedule.
www.oracle.com/industries/construction-engineering/, aufgerufen am 13-12-2021.

[ORAC22] N., N.: Primaverascheduling.
https://www.oracle.com/industries/construction-engineering/primavera-analytics/, aufgerufen am 24-10-2022.

[PAPP67] Pappas, I. A.: Zur Anwendung betriebsgerechter Warteschlangenmodelle in der Terminplanung.
Dissertation.
Zürich: Universität Zürich 1967.

[PRIM22] N., N.: Primaverascheduling.
https://www.primaverascheduling.com, 24-10-2022.

[PROM22] N., N.: Roser ConSys. World-Class Shutdown, Turnaround, and Outage Management Software.
https://www.prometheusgroup.com/company/roser, 24-10-2022.

[QUIN10] Quinz, H.: Möglichkeiten der Projektkalkulation und des Projektcontrollings im Spezialmaschinenbau für Kleinunternehmen.
Diplomarbeit.
Mittweida: Hochschule Mittweida 2010.
https://monami.hs-mittweida.de/frontdoor/deliver/index/docId/2063/file/Projektcontrolling.pdf, 29-12-2021.

[REPP16] Reppert, R.: Effiziente Terminplanung von Bauprojekten. Schnelleinstieg für Architekten und Bauingenieure.
Wiesbaden: Springer Vieweg 2016.

[RESC15] Resch, R.: Die optimale Großbaustelle. Optimierungsmöglichkeiten im Projektmanagement für Anlagenbau.
Masterarbeit.
Graz: Technische Universität Graz 2015.
https://diglib.tugraz.at/download.php?id=5f31237b2fa21&location=browse, aufgerufen am 03-01-2022.

[RIPP20] Ripperger, S.; Nikolaus, K.: Entwicklung und Planung verfahrenstechnischer Anlagen. Berlin: Springer Verlag 2020.

[SACK18] Sacks, R., u. a.: BIM Handbook.
A Guide to Building Information Modeling for Owners, Designers, Engineers, Contractors and Facility Managers.
New Jersey: John Wiley & Sons 2018.

[STOC20] Stockbrink-Hunkemöller, J.: Praxisanwendung eines 5D-Planungsmodells einer verfahrenstechnischen Bestandsanlage.
Unveröffentlichte Bachelorarbeit.
Gelsenkirchen: Westfälische Hochschule 2020.

[STOM76] Stommel, H. J.: Betriebliche Terminplanung.
Berlin: Walter de Gruyter & Co. 1976.

[THEP15] N., N.: The Project Definition. Detailed Network Schedule (Level 4 Schedule).
https://theprojectdefinition.com, 26.02.2023.

[THEP21] N., N.: The Project Definition. Today's Definition: Constraint.
https://theprojectdefinition.com, 03.08.2021.
E-Mail Newsletter: The Project Definition 2021.

[THEP23] N., N.: The Project Definition. Today's Definition: Duration. https://theprojectdefinition.com, 21.02.2023. E-Mail Newsletter: The Project Definition 2023.

[THAK15] Thakore, S.B. und Bhatt, B.I.: Introduction to Process Engineering and Design. Dissertation. Chennai: McGraw Hill Education (India) Private Limited 2015.

[THOM18] Thomas, M.; u. a.: Projektsteuerung im Anlagenbau. https://www.chemietechnik.de/anlagenbau/projektsteuerung-im-chemieanlagenbau.html, 12.12.2020.

[TULK09] Tulke, J.: Kollaborative Terminplanung auf Basis von Bauwerksinformationsmodellen. Dissertation. Weimar: Bauhaus-Universität Weimar 2009.

[VDI2180-1] N., N.: VDI/VDE 2180 Blatt 1. Funktionale Sicherheit in der Prozessindustrie – Einführung, Begriffe, Konzeption. Berlin: Beuth Verlag GmbH 2019.

[VDI2180-1B] N., N.: VDI/VDE 2180 Blatt 1 Berichtigung. Funktionale Sicherheit in der Prozessindustrie – Einführung, Begriffe, Konzeption - Berichtigung zur Richtlinie VDI/VDE 2180 Blatt 1:2019-04. Berlin: Beuth Verlag GmbH 2019.

[VDI2180-2] N., N.: VDI/VDE 2180 Blatt 2. Funktionale Sicherheit in der Prozessindustrie – Planung, Errichtung und Betrieb von PLT-Sicherheitsfunktionen. Berlin: Beuth Verlag GmbH 2019.

[VDI2180-3] N., N.: VDI/VDE 2180 Blatt 3. Funktionale Sicherheit in der Prozessindustrie – Nachweis der Ausfallwahrscheinlichkeit im Anforderungsfall (PFD). Berlin: Beuth Verlag GmbH 2019.

[VDI2180-4] N., N.: VDI/VDE 2180 Blatt 4. Funktionale Sicherheit in der Prozessindustrie – Mechanische Komponenten in PLT-Sicherheitseinrichtungen. Berlin: Beuth Verlag GmbH 2021.

[VDI23] N., N.: Wissen mach BAU. Die Baubranche wird digital und vernetzt sich. Newsletter. Düsseldorf: VDI Wissensforum GmbH 2023.

[VDI2209] N., N.: VDI 2209. 3-D-Produktmodellierung. Technische und organisatorische Voraussetzungen. Verfahren, Werkzeuge und Anwendungen. Wirtschaftlicher Einsatz in der Praxis. Berlin: Beuth Verlag GmbH 2009.

[VDI2440] N., N.: Emissionsminderung Mineralölraffinerien.
Emission control. Mineral oil refineries.
Berlin: Beuth Verlag GmbH 2000.

[VDI3695] N., N.: VDI/VDE 3695 Blatt 1. Engineering von Anlagen. Evaluieren und Optimieren des Engineerings. Grundlagen und Vorgehensweisen.
Berlin: Beuth Verlag GmbH 2020.

[VOCK16] Vocke, B. M.: Organisation von Planung und Bauausführung – Integrale Leistungsbilder für Organisationsplanung, Projektsteuerung und Projektleitung.
Dissertation.
München: Technische Universität München 2016.

[VOSS06] Voss, M.: Standardsoftwarebasierte Projektcontrolling für parallele Rechnungslegung bei langfristiger Auftragsfertigung.
Dissertation.
Passau: Universität Passau 2006.

[WAGN13] Wagner, R. und Grau, N.: Basiswissen Projektmanagement – Projekte planen, Risiken erkennen.
Düsseldorf: Symposion Publishing GmbH 2013.

[WAGN18] Wagner, W.: Planung im Anlagenbau.
Würzburg: Vogel Business Media GmbH & Co. KG Verlag 2018.

[WAGN20] Wagner, W.: Rohrleitungstechnik.
Würzburg: Vogel Business Media GmbH & Co. KG Verlag 2020.

[WEBE68] Weber, H. O.: Optimierungsprobleme der Terminplanung im Bauwesen und deren betriebswirtschaftliche Bedeutung.
Dissertation.
Zürich: Universität Zürich 1968.

[WEBE14] Weber, K. H.: Dokumentation verfahrenstechnischer Anlagen.
Praxishandbuch mit Checklisten und Beispielen.
Heidelberg: Springer-Verlag 2014.

[WOHL20] Wohlfahrt-Bottermann, M.: Oracle Primavera Risk Analysis v8.7 (OPRA).
Trainingsunterlagen.
Bonn: Primavera Project Training 2020.

[WOHL22] Wohlfahrt-Bottermann, M.: Oracle Primavera Risk Analysis. Sich um das kümmern, was schief gehen kann.
www.primavera-project.training/risk-analysis.html.
Bonn: Primavera Project Training 2022.

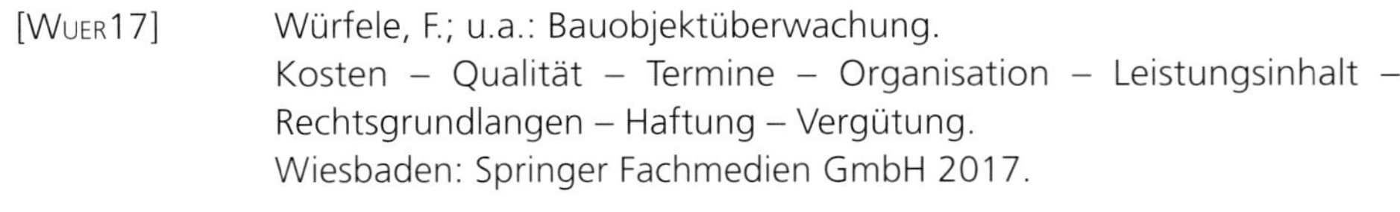
[WUER17] Würfele, F.; u.a.: Bauobjektüberwachung.
Kosten – Qualität – Termine – Organisation – Leistungsinhalt – Rechtsgrundlangen – Haftung – Vergütung.
Wiesbaden: Springer Fachmedien GmbH 2017.

[WUTT14] Wuttke, T. und Gartner, P.: Das PMP-Examen. Die gezielte Prüfungsvorbereitung.
Heidelberg: mitp Verlag 2014.

[WYSS79] Wyss, M.: Die Terminplanung und Terminsteuerung einer Sachgüterproduktion. Dissertation.
Bern: Universität Bern 1979.

[WIKI21] N., N.: Terminplanung. https://de.wikipedia.org/wiki/Terminplanung, aufgerufen am 06-02-2021.

[YEH01] Yeh, S.-J.: Projektplanung. Theoretischer Einsatz und praktische Anwendung am Beispiel einer „Universitätsolympiade". Dissertation.
Wuppertal: Universität Wuppertal 2001.

Anhang

11

A.1 Übersicht über die Terminplanarten

A.2 Schedule Plan

A.3 Basis of Schedule

A.4 DACE Labour Norms V2 (Arbeitszeiten)

A.5 Schedule Challenge bei den Decision Gates

A.6 Schedule Challenge bei den Schedule Updates

A.7 Projekt-Checkliste

A.8 Übersicht der Gewerke

A.9 Arbeitszeitwerte (Working Time Values)

A.10 RACI-Matrix

Die Anhänge sind in deutscher Sprache verfasst, aber auch in englischer Sprache verfügbar. Der Grund dafür ist, dass die meisten Unternehmen international tätig sind und der weiterführende Freigabeprozess bei größeren Investmentprojekten in englischer Sprache erfolgt.

A.1 Übersicht über die Terminplanarten

Auf den folgenden Seiten finden Sie Beispiele für Terminpläne zur Orientierung:

- Terminplan Level 1,
- Terminplan Level 2,
- Terminplan Level 3,
- Terminplan Level 4 und
- Terminplan Level 5.

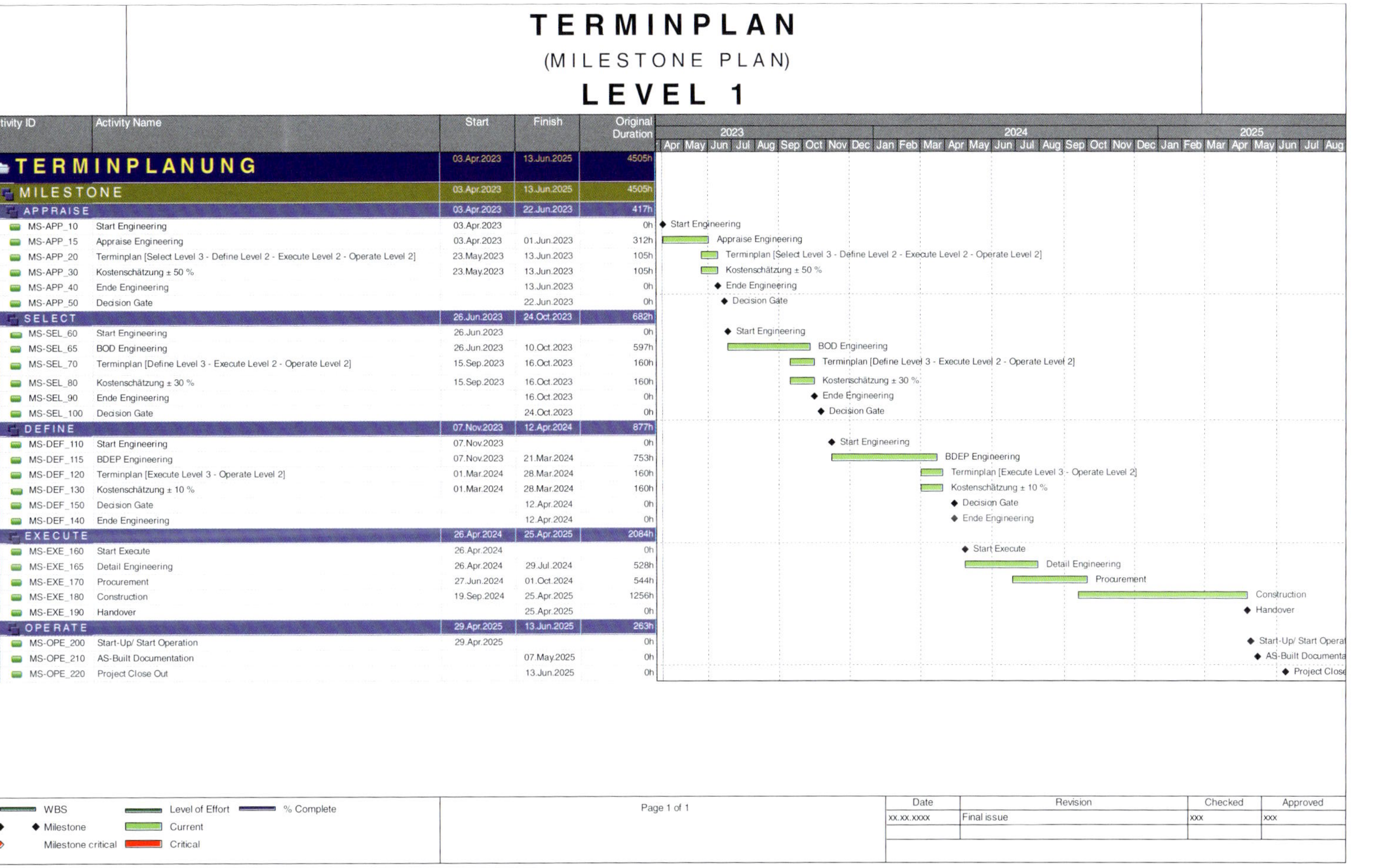

Activity ID	Activity Name	Start	Finish	Original Duration
TERMINPLANUNG		03.Apr.2023	13.Jun.2025	4505h
MILESTONE		03.Apr.2023	13.Jun.2025	4505h
APPRAISE		03.Apr.2023	22.Jun.2023	417h
MS-APP_10	Start Engineering	03.Apr.2023		0h
MS-APP_15	Appraise Engineering	03.Apr.2023	01.Jun.2023	312h
MS-APP_20	Terminplan [Select Level 3 - Define Level 2 - Execute Level 2 - Operate Level 2]	23.May.2023	13.Jun.2023	105h
MS-APP_30	Kostenschätzung ± 50 %	23.May.2023	13.Jun.2023	105h
MS-APP_40	Ende Engineering		13.Jun.2023	0h
MS-APP_50	Decision Gate		22.Jun.2023	0h
SELECT		26.Jun.2023	24.Oct.2023	682h
MS-SEL_60	Start Engineering	26.Jun.2023		0h
MS-SEL_65	BOD Engineering	26.Jun.2023	10.Oct.2023	597h
MS-SEL_70	Terminplan [Define Level 3 - Execute Level 2 - Operate Level 2]	15.Sep.2023	16.Oct.2023	160h
MS-SEL_80	Kostenschätzung ± 30 %	15.Sep.2023	16.Oct.2023	160h
MS-SEL_90	Ende Engineering		16.Oct.2023	0h
MS-SEL_100	Decision Gate		24.Oct.2023	0h
DEFINE		07.Nov.2023	12.Apr.2024	877h
MS-DEF_110	Start Engineering	07.Nov.2023		0h
MS-DEF_115	BDEP Engineering	07.Nov.2023	21.Mar.2024	753h
MS-DEF_120	Terminplan [Execute Level 3 - Operate Level 2]	01.Mar.2024	28.Mar.2024	160h
MS-DEF_130	Kostenschätzung ± 10 %	01.Mar.2024	28.Mar.2024	160h
MS-DEF_150	Decision Gate		12.Apr.2024	0h
MS-DEF_140	Ende Engineering		12.Apr.2024	0h
EXECUTE		26.Apr.2024	25.Apr.2025	2084h
MS-EXE_160	Start Execute	26.Apr.2024		0h
MS-EXE_165	Detail Engineering	26.Apr.2024	29.Jul.2024	528h
MS-EXE_170	Procurement	27.Jun.2024	01.Oct.2024	544h
MS-EXE_180	Construction	19.Sep.2024	25.Apr.2025	1256h
MS-EXE_190	Handover		25.Apr.2025	0h
OPERATE		29.Apr.2025	13.Jun.2025	263h
MS-OPE_200	Start-Up/ Start Operation	29.Apr.2025		0h
MS-OPE_210	AS-Built Documentation		07.May.2025	0h
MS-OPE_220	Project Close Out		13.Jun.2025	0h

Abbildung A1.1 *Beispiel für einen Level 1-Terminplan*

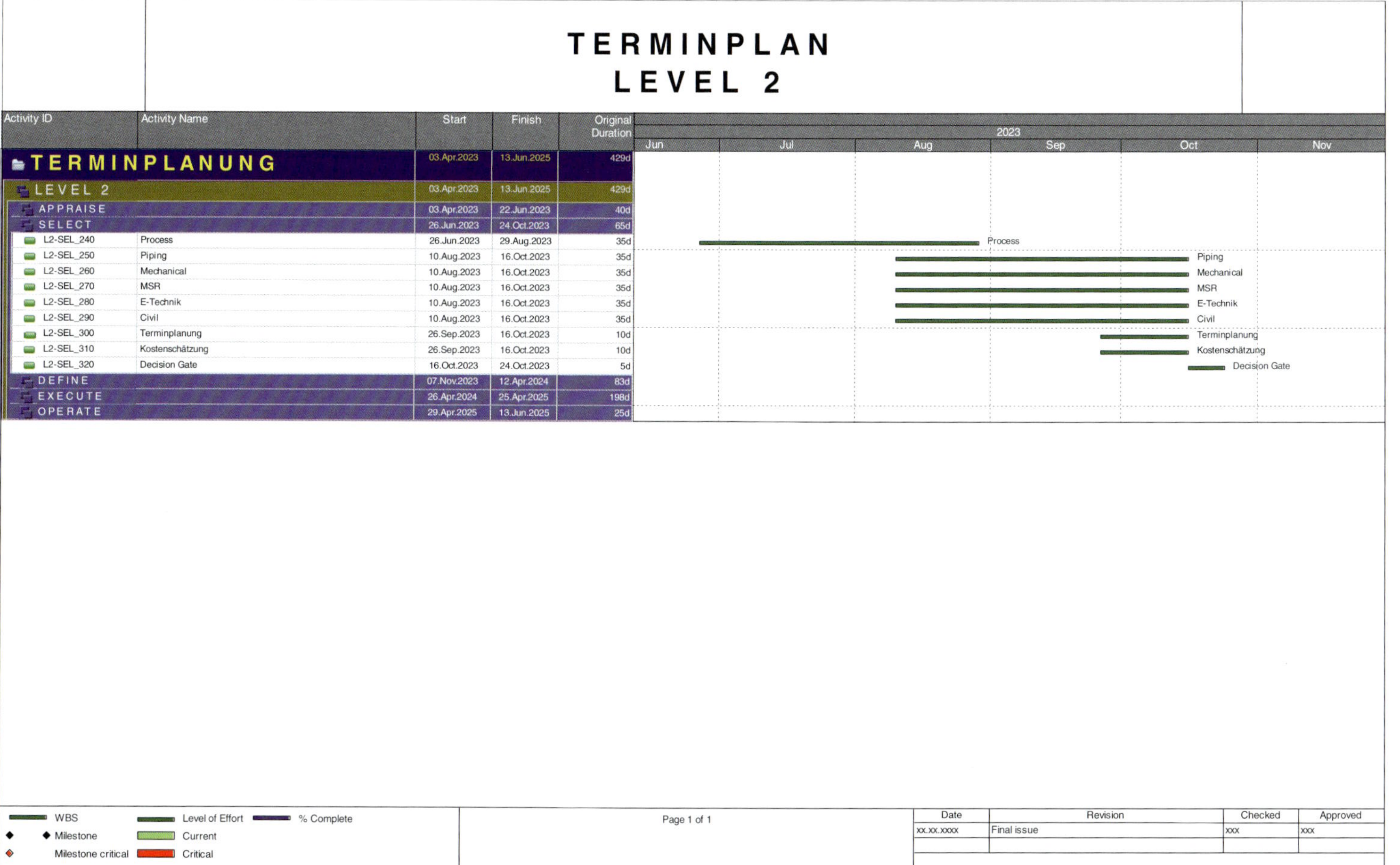

***Abbildung A1.2** Beispiel für einen Level 2-Terminplan*

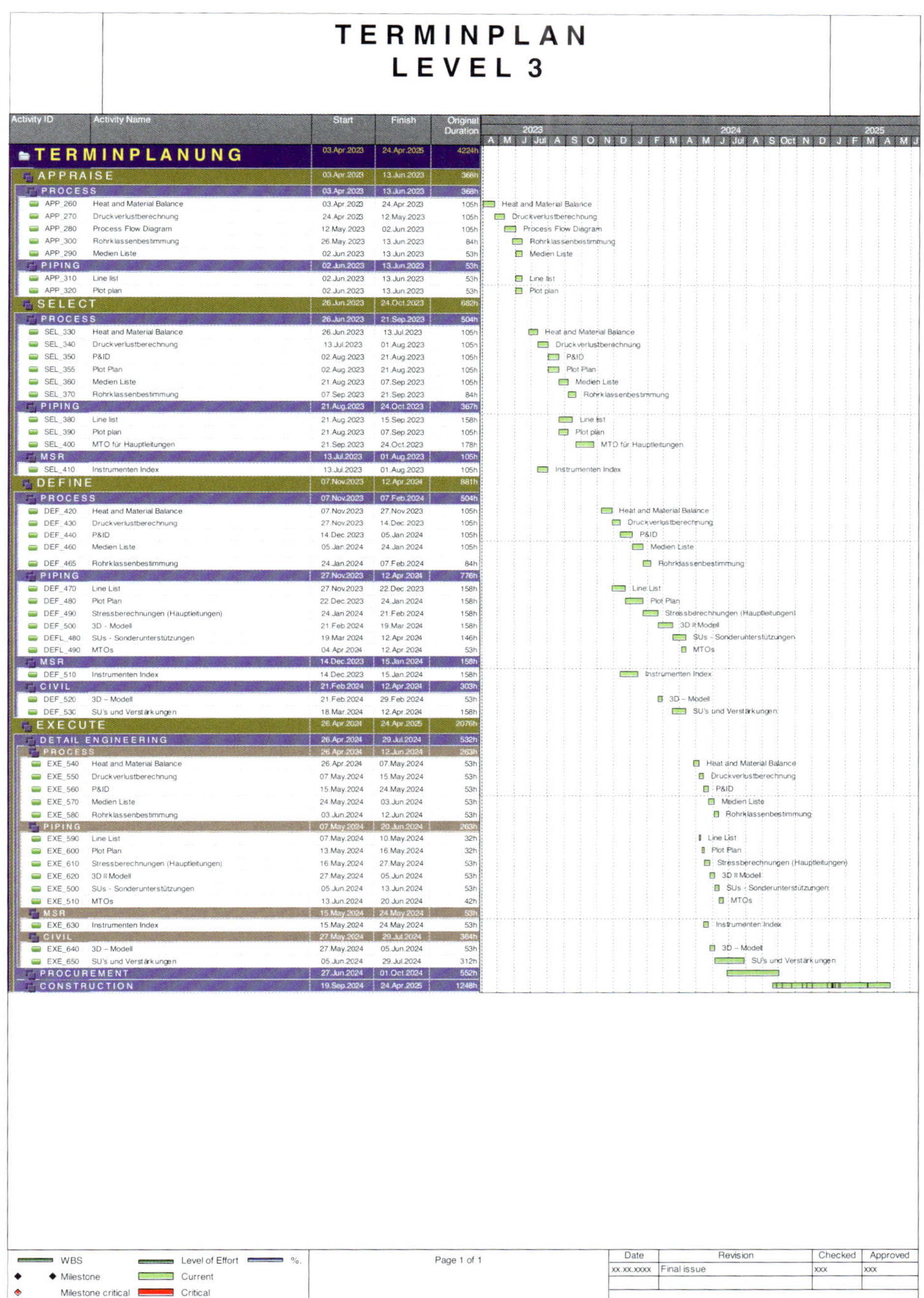

TERMINPLAN
LEVEL 3

Activity ID	Activity Name	Start	Finish	Original Duration
TERMINPLANUNG		03.Apr.2023	24.Apr.2025	4224h
APPRAISE		03.Apr.2023	13.Jun.2023	368h
PROCESS		03.Apr.2023	13.Jun.2023	368h
APP_260	Heat and Material Balance	03.Apr.2023	24.Apr.2023	105h
APP_270	Druckverlustberechnung	24.Apr.2023	12.May.2023	105h
APP_280	Process Flow Diagram	12.May.2023	02.Jun.2023	105h
APP_300	Rohrklassenbestimmung	26.May.2023	13.Jun.2023	84h
APP_290	Medien Liste	02.Jun.2023	13.Jun.2023	53h
PIPING		02.Jun.2023	13.Jun.2023	53h
APP_310	Line list	02.Jun.2023	13.Jun.2023	53h
APP_320	Plot plan	02.Jun.2023	13.Jun.2023	53h
SELECT		26.Jun.2023	24.Oct.2023	682h
PROCESS		26.Jun.2023	21.Sep.2023	504h
SEL_330	Heat and Material Balance	26.Jun.2023	13.Jul.2023	105h
SEL_340	Druckverlustberechnung	13.Jul.2023	01.Aug.2023	105h
SEL_350	P&ID	02.Aug.2023	21.Aug.2023	105h
SEL_355	Plot Plan	02.Aug.2023	21.Aug.2023	105h
SEL_360	Medien Liste	21.Aug.2023	07.Sep.2023	105h
SEL_370	Rohrklassenbestimmung	07.Sep.2023	21.Sep.2023	84h
PIPING		21.Aug.2023	24.Oct.2023	367h
SEL_380	Line list	21.Aug.2023	15.Sep.2023	158h
SEL_390	Plot plan	21.Aug.2023	07.Sep.2023	105h
SEL_400	MTO für Hauptleitungen	21.Sep.2023	24.Oct.2023	178h
MSR		13.Jul.2023	01.Aug.2023	105h
SEL_410	Instrumenten Index	13.Jul.2023	01.Aug.2023	105h
DEFINE		07.Nov.2023	12.Apr.2024	881h
PROCESS		07.Nov.2023	07.Feb.2024	504h
DEF_420	Heat and Material Balance	07.Nov.2023	27.Nov.2023	105h
DEF_430	Druckverlustberechnung	27.Nov.2023	14.Dec.2023	105h
DEF_440	P&ID	14.Dec.2023	05.Jan.2024	105h
DEF_460	Medien Liste	05.Jan.2024	24.Jan.2024	105h
DEF_465	Rohrklassenbestimmung	24.Jan.2024	07.Feb.2024	84h
PIPING		27.Nov.2023	12.Apr.2024	776h
DEF_470	Line List	27.Nov.2023	22.Dec.2023	158h
DEF_480	Plot Plan	22.Dec.2023	24.Jan.2024	158h
DEF_490	Stressberechnungen (Hauptleitungen)	24.Jan.2024	21.Feb.2024	158h
DEF_500	3D - Modell	21.Feb.2024	19.Mar.2024	158h
DEFL_480	SUs - Sonderunterstützungen	19.Mar.2024	12.Apr.2024	146h
DEFL_490	MTOs	04.Apr.2024	12.Apr.2024	53h
MSR		14.Dec.2023	15.Jan.2024	158h
DEF_510	Instrumenten Index	14.Dec.2023	15.Jan.2024	158h
CIVIL		21.Feb.2024	12.Apr.2024	303h
DEF_520	3D – Modell	21.Feb.2024	29.Feb.2024	53h
DEF_530	SU's und Verstärkungen	18.Mar.2024	12.Apr.2024	158h
EXECUTE		26.Apr.2024	24.Apr.2025	2076h
DETAIL ENGINEERING		26.Apr.2024	29.Jul.2024	532h
PROCESS		26.Apr.2024	12.Jun.2024	263h
EXE_540	Heat and Material Balance	26.Apr.2024	07.May.2024	53h
EXE_550	Druckverlustberechnung	07.May.2024	15.May.2024	53h
EXE_560	P&ID	15.May.2024	24.May.2024	53h
EXE_570	Medien Liste	24.May.2024	03.Jun.2024	53h
EXE_580	Rohrklassenbestimmung	03.Jun.2024	12.Jun.2024	53h
PIPING		07.May.2024	20.Jun.2024	263h
EXE_590	Line List	07.May.2024	10.May.2024	32h
EXE_600	Plot Plan	13.May.2024	16.May.2024	32h
EXE_610	Stressberechnungen (Hauptleitungen)	16.May.2024	27.May.2024	53h
EXE_620	3D – Modell	27.May.2024	05.Jun.2024	53h
EXE_500	SUs - Sonderunterstützungen	05.Jun.2024	13.Jun.2024	53h
EXE_510	MTOs	13.Jun.2024	20.Jun.2024	42h
MSR		15.May.2024	24.May.2024	53h
EXE_630	Instrumenten Index	15.May.2024	24.May.2024	53h
CIVIL		27.May.2024	29.Jul.2024	364h
EXE_640	3D – Modell	27.May.2024	05.Jun.2024	53h
EXE_650	SU's und Verstärkungen	05.Jun.2024	29.Jul.2024	312h
PROCUREMENT		27.Jun.2024	01.Oct.2024	552h
CONSTRUCTION		19.Sep.2024	24.Apr.2025	1248h

Abbildung A1.3 *Beispiel für einen Level 3-Terminplan*

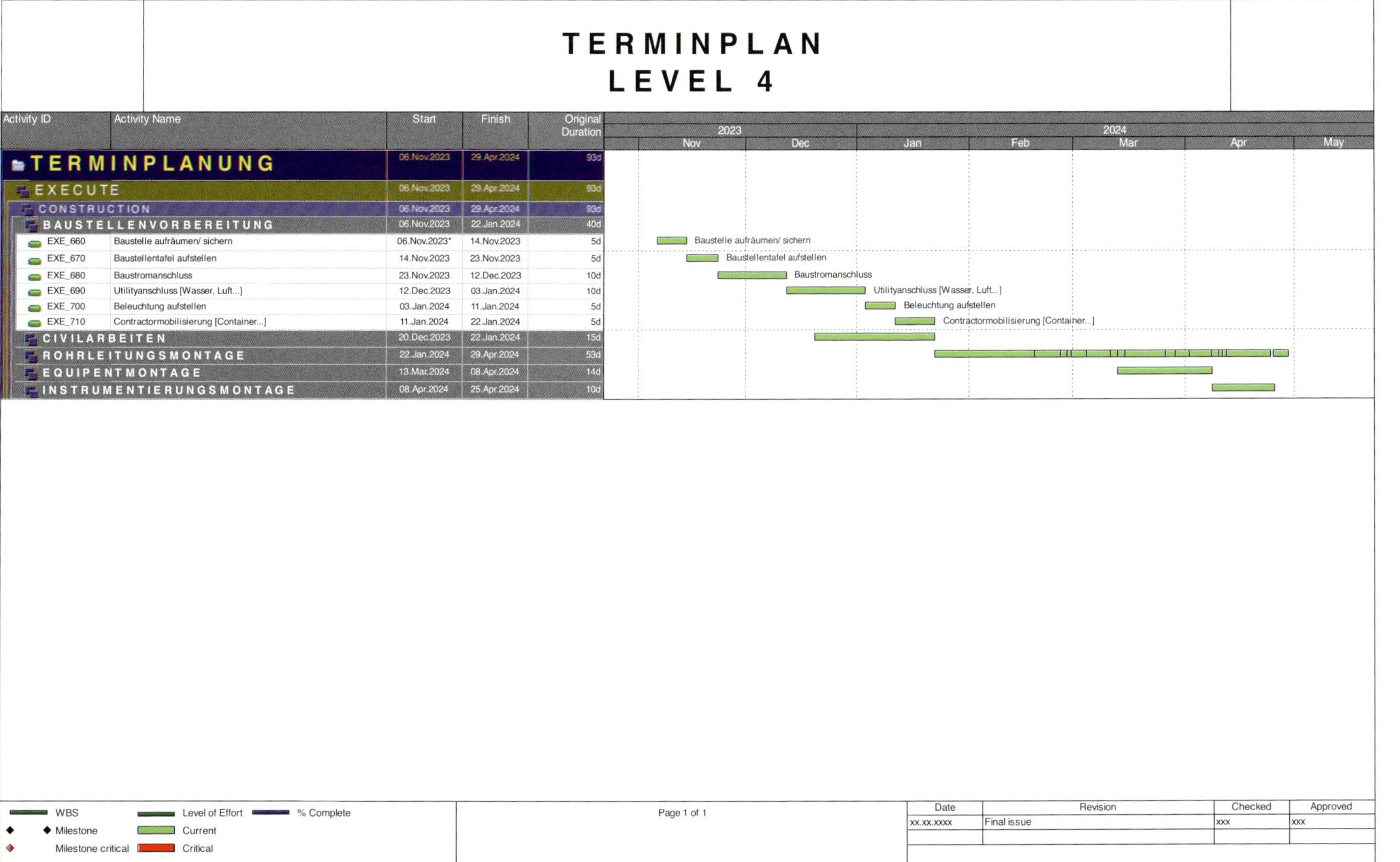

Activity ID	Activity Name	Start	Finish	Original Duration
	TERMINPLANUNG	06.Nov.2023	29.Apr.2024	93d
	EXECUTE	06.Nov.2023	29.Apr.2024	93d
	CONSTRUCTION	06.Nov.2023	29.Apr.2024	93d
	BAUSTELLENVORBEREITUNG	06.Nov.2023	22.Jan.2024	40d
EXE_660	Baustelle aufräumen/ sichern	06.Nov.2023*	14.Nov.2023	5d
EXE_670	Baustellentafel aufstellen	14.Nov.2023	23.Nov.2023	5d
EXE_680	Baustromanschluss	23.Nov.2023	12.Dec.2023	10d
EXE_690	Utilityanschluss [Wasser, Luft...]	12.Dec.2023	03.Jan.2024	10d
EXE_700	Beleuchtung aufstellen	03.Jan.2024	11.Jan.2024	5d
EXE_710	Contractormobilisierung [Container...]	11.Jan.2024	22.Jan.2024	5d
	CIVILARBEITEN	20.Dec.2023	22.Jan.2024	15d
	ROHRLEITUNGSMONTAGE	22.Jan.2024	29.Apr.2024	53d
	EQUIPENTMONTAGE	13.Mar.2024	08.Apr.2024	14d
	INSTRUMENTIERUNGSMONTAGE	08.Apr.2024	25.Apr.2024	10d

Abbildung A1.4 *Beispiel für einen Level 4-Terminplan*

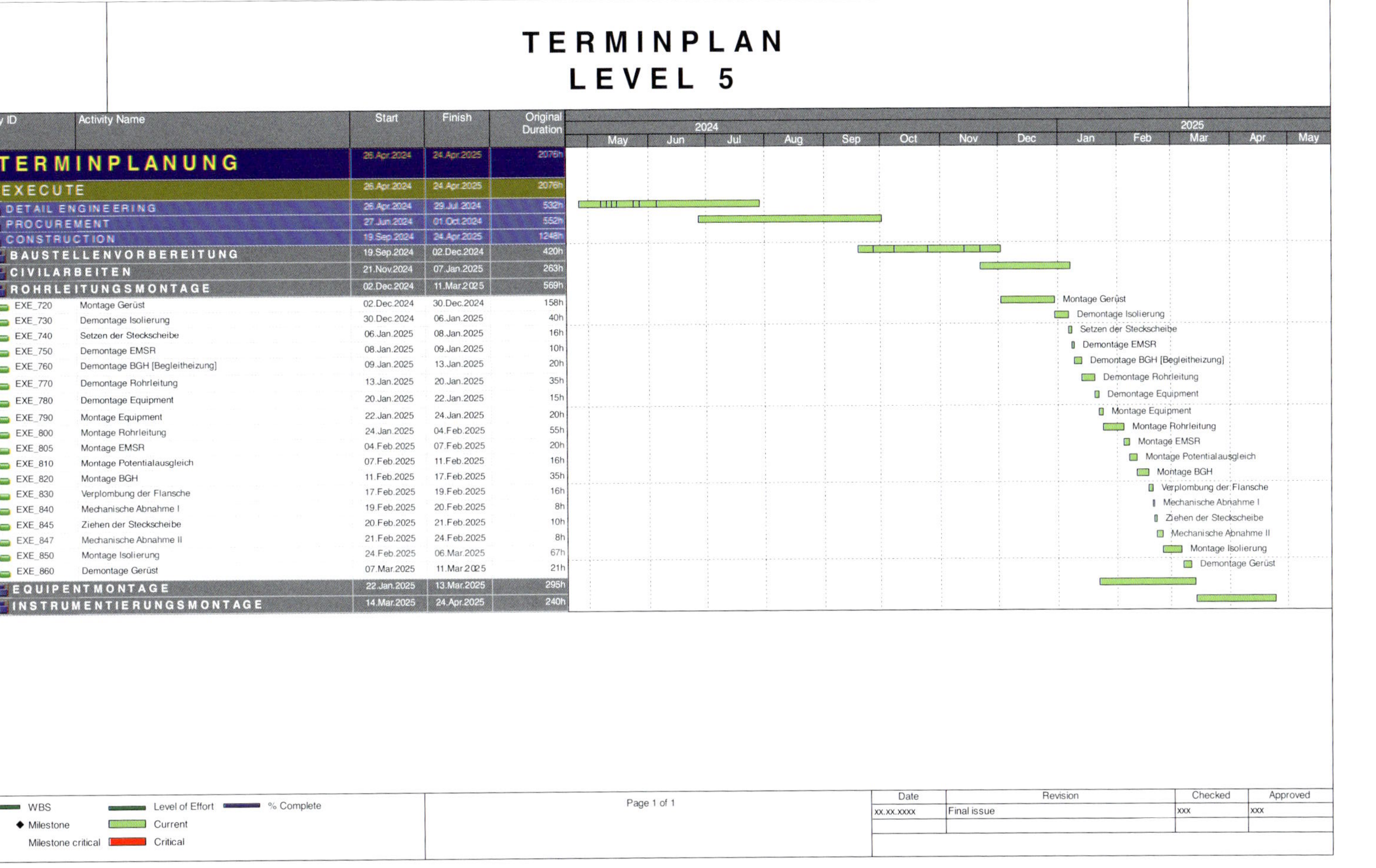

Abbildung A1.5 *Beispiel für einen Level 5-Terminplan*

A.2 Schedule Plan

Die folgenden Seiten dokumentieren ein Template (Vorlage) für einen Schedule Plan, das zusätzlich als Originaldatei (Microsoft Word©) erworben werden kann. Es dient als allgemeine Vorlage für die Projektterminpläne. Dieser Schedule Plan muss entsprechend den Anforderungen (unternehmens- und projektspezifisch sowie entsprechend der Projektphase) angepasst werden. Einzelheiten zu den Anforderungen finden Sie im Handbuch zur Terminplanung.

Alle grau hinterlegten Felder sind als Beispiel angegeben und projektspezifisch zu komplettieren.

Inhalt

1 Projektübersicht
2 Scope (Leistungsumfang)
3 Einteilung nach Anlagen, Stillstand (Turnaround) und/oder Ausführungszeiträumen
4 Übersicht der Quellen für die Liefer- und Ausführungszeiten
5 Meilensteinplan
6 Anforderungen an die Fachabteilungen
7 Anhänge

Schedule Plan

Kunde: XXX
Projektname: XXX
Projektnummer: XXX

Erstellt von
XXX

Datum
xx-xx-20xx

Änderungsindex

Revision	Datum	Beschreibung	Ersteller	Freigeber
X	xx-xx-20xx	XXX	XXX	XXX

1 Projektübersicht

Projektname: xxx
Projektnummer: xxx
Schedule Level: 1, 2 3, 4 oder 5
Kunde: xxx
Ort: xxx
Währung: xxx
Stillstands (Turnaround (TA)) Projekt: xxx
Weitere Ineffizienzen: xxx

Der Projektterminplan ist nach Engineering (Planungsleistungen), Procurement (Equipment- und Materialeinkauf bzw. -beschaffung) und Construction (Montage und Installation) sowie Testing und Pre-Comissioning (Inbetriebnahme) unterteilt.

2 Scope (Leistungsumfang)

2.1 Scope (Leistungsumfang)

Das Projekt hat den folgenden Hauptprojektumfang:

- Errichtung und Installation von 2 identischen Edelstahltanks (1.500m³ pro Tank)
- Errichtung und Einbau von 2 Duplex-Kolonnen mit einem Volumen von 120 m³
- Abriss der bestehenden Tanks
- Die Bauarbeiten sollen bis Ende 2019 abgeschlossen sein

2.2 Hauptannahmen

Die folgenden Positionen beschreiben die Annahmen für den Projektterminplan

Nr.	Beschreibung	Quelle	Kommentare
1	Long Lead Items (Equipments- und Materialien sowie Services mit langen Lieferzeiten) werden in West-Europa eingekauft	Generelle Einkaufsstrategie	

2.3 Hauptausschlüsse

Die folgenden Positionen beschreiben die Ausschlüsse für den Projektterminplan:

Nr.	Beschreibung	Quelle	Kommentare
1	Der mögliche Einfluss durch die Stresskalkulationsergebnisse für die Rohrbrücke xxxx	Projektleitung	Sollte die Stressbelastung für die Rohrbrücke zu groß sein, dann sind Verstärkungsmaßnahmen an dieser erforderlich.
2			

3 Einteilung nach Anlagen, Stillstand (Turnaround) und/oder Ausführungszeiträumen

Dieses Projekt wird teilweise in einem Turnaround ausgeführt.

Die folgenden Gewerke, Areas und Anlagen werden nach Turnaround und Ausführungszeitraum aufgeteilt:

Anlage	Stillstands (TA) scope	Ausführungszeitraum	Kommentare
Anlage x	Ja	2019	TA nur für: – Rohrbau – Mechanik

4 Übersicht der Quellen für die Liefer- und Ausführungszeiten

Die folgenden Quellen für Liefer- und Ausführungszeiten werden verwendet:

Beschreibung	Quelle	Lieferzeitraum	Zeitdauer im Terminplan	Kommentare
Kolonne: – C-XXX – C-YYY	Vendor Budget quote	15 Monate	17 Monate	
Tank: – T-XXX A/B –				
etc.				
Rohrleitungs-Material				
Rohrleitungs-Ventile				
Installation / Demontage von Rohrleitungen				

Beschreibung	Quelle	Lieferzeitraum	Zeitdauer im Terminplan	Kommentare
etc.				
MSR-Material				
MSR-Ventile und -Equipment				
Installation von Instrumenten				
etc.				
Elektrisches Equipment				
Elektrisches Material				
Elektroinstallation / Elektrodemontagen				
etc.				
Krane für das Einheben der Kolonnen				
Provisorische Einrichtungen, Krane (für andere Dienstleistungen als die Errichtung von Kolonnen) und Gerüste				
etc.				

5 Meilensteinplan

Die folgende Tabelle dokumentiert den erforderlichen Input zur Entwicklung des Projektterminplans mit den entsprechenden Verantwortlichkeiten sowie Fristen.

Beschreibung	Zuständigkeit	Enddaatum	Kommentare
Freigabe des Schedule Plans durch das Projektteam	Projektleiter	11.01.2018	
Scopelisten, wie: - Equipment Liste - Rohrleitungsliste - Einbindepunkteliste - Rohrleitungs- und Instrumentenfließschemata - Blockflussdiagramm	Verfahrenstechnik	20.02.2018	Mit Projektfreigabe
Aufstellungsplan	Anlagen- bzw. Rohrleitungsbau	20.02.2018	Mit Projektfreigabe
Stromlaufplan	E-Technik	20.02.2018	Mit Projektfreigabe
Instrumenten-Index	Messen, Steuern, Regeln (MSR)	20.02.2018	Mit Projektfreigabe
Start des Terminplanung		20.02.2018	

Beschreibung	Zuständigkeit	Enddaatum	Kommentare
Übersendung der Material TakeOffs bzw. Mengenauszüge (MTOs) an Scheduling, wie: - Rohrleitungsbau - Bauwesen - E-Technik - MSR - Kran- & Gerüstbau	Fachabteilung & Projektleiter	20.02.2018	Mit Projektfreigabe
Endtermin, bis zum Erhalt aller Angebote gemäß Estimating Plan	Fachabteilung & Projektleiter	05.03.2018	Mit technischer Überprüfung der Fachgewerke
Einarbeiten der Montage/Demontage- bzw. Installationsstunden gem. TIC Estimation (bis einschließlich Define, in Execute basieren die Montage/Demontage- bzw. Installationsstunden auf Informationen der auszuführenden Firmen (AFC-Dokumente))	Estimation / Scheduler / CM	05.03.2018	
Übergabe der Stundenschätzungen der Engineering-Fachabteilungen	Fachabteilung & Projektleiter	07.03.2018	Mit Projektfreigabe
Interactive Planning Session	Fachabteilung & Projektleiter	15.03.2018	Mit Projektfreigabe
Project Team Review	Scheduling	22.03.2018	Mit Projektfreigabe
Terminplan Review mit internem Management	Scheduling	23.03.2018	Mit Projektfreigabe
Übersendung des Terminplanplans an alle Beteiligten	Scheduling	26.03.2018	Nach Erhalt der Managementfreigabe

6 Anforderungen an die Fachabteilungen

Die Grundanforderungen werden je nach Projektphase und Projekttyp mit den Fachabteilungen abgestimmt.

Mechanik:

xxx

Rohrleitungsbau:

Das MTO enthält die folgenden Informationen:
Segmentierung nach Anlage und Design
Segmentierung gemäß ISBL/OSBL
Anforderungen an die Isolierung
Anforderungen an Röntgenstrahlen
Details zur Wärmebehandlung nach dem Schweißen (PWHT)
etc.

E-Technik:
xxx

MSR:
xxx

Bauwesen
xxx

Bauleitung:
xxx

Engineering:
Schätzung der Arbeitsstunden der Fachabteilungen für die nächste Phase (Phase definieren)
Prozentuale Schätzung der Detail- und Bestandsplanung gemäß der TIC-Schätzung.

7 Anhänge

Anhang 1: Projektterminplan Vorlage
Anhang 2: ....

A.3 Basis of Schedule

Die folgenden Seiten dokumentieren eine Vorlage (Template) für Basis of Schedule, die zusätzlich als Originaldatei (Microsoft Word©) erworben werden kann. Sie dient als allgemeine Vorlage für die Projektterminpläne. Dieser Basis of Schedule muss entsprechend den Anforderungen (unternehmens- und projektspezifisch sowie der Projektphase) angepasst werden. Einzelheiten zu den Anforderungen finden Sie im Handbuch zur Terminplanung.

Alle grau hinterlegten Felder sind projektspezifisch zu komplettieren.

Inhalt

Basis of Schedule

Kunde: XXX
Projektname: XXX
Projektnummer: XXX

Erstellt von

XXX

Datum

xx-xx-20xx

Änderungsindex

Revision	Datum	Beschreibung	Ersteller	Freigeber
X	xx-xx-20xx	XXX	XXX	XXX

1 Projektübersicht

1.1 Projektzusammenfasung

Projektname: xxx
Projektnummer: xxx
Schedule Level: 1, 2 3, 4 oder 5
Kunde: xxx
Ort: xxx
Währung: xxx
Stillstände (Turnarounds, TA) Projekt: xxx
Weitere Ineffizienzen: xxx

1.2 Scope (Lesitungsumfang)

Das Projekt hat den folgenden Hauptprojektumfang:

- Errichtung und Installation von 2 identischen Edelstahltanks (1500 m³ pro Tank)
- Errichtung und Einbau von 2 Duplex-Kolonnen mit einem Volumen von 120 m³
- Abriss der bestehenden Tanks
- Die Bauarbeiten sollen bis Ende 2019 abgeschlossen sein

1.3 Hauptannahmen

Die folgenden Positionen beschreiben die Annahmen für diesen Terminplan:

Nr.	Beschreibung	Quelle	Kommenatre
1	Long Lead Items (Equipments- und Materialien sowie Services mit langen Lieferzeiten) werden in West-Europa eingekauft.	Generelle Ein-kaufs-strategie	
2			

1.4 Hauptausschlüsse

Die folgenden Positionen beschreiben die Ausschlüsse für diesen Terminplan:

Nr.	Beschreibung	Quelle	Kommenatre
1	Der mögliche Einfluss durch die Stresskalkulationsergebnisse für die Rohrbrücke xxxx	Projektleitung	Sollte die Stressbelastung für die Rohrbrücke zu groß sein, dann sind Verstärkungsmaßnahmen an dieser notwendig.
2			

1.5 Referenzen

- Scope of services
- P&IDs, rev. x, Dokumentennummer xxxxx, Datum xx.xx.xxxx
- Plot plan, rev. x, Dokumentennummer xxxxx, Datum xx.xx.xxxx
- Isometrics, rev. x, Dokumentennummer xxxxx, Datum xx.xx.xxxx
- One-line diagram, rev. x, Dokumentennummer xxxxx, Datum xx.xx.xxxx
- Civil MTO, rev. x, Dokumentennummer xxxxx, Datum xx.xx.xxxx
- Electrical MTO, rev. x, Dokumentennummer xxxxx, Datum xx.xx.xxxx
- Instrumentation MTO, rev. x, Dokumentennummer xxxxx, Datum xx.xx.xxxx
- Piping MTO, rev. X, Dokumentennummer xxxxx, Datum xx.xx.xxxx
- Crane & scaffolding MTO, rev. x, Dokumentennummer xxxxx, Datum xx.xx.xxxx
- Angebot vessels V-xxx A/B by company xxx, Angebotsnummer xxx, Datum xx.xx.xxxx
- etc.

2 Übersicht der Quellen für die Liefer- und Ausführungszeiten

Die folgenden Quellen für Liefer- und Ausführungszeiten werden verwendet:

Beschreibung	Quelle	Lieferzeitraum	Zeitdauer im Terminplan	Kommentare
Kolonne: – C-XXX – C-YYY	Vendor Budget Quote	15 Monate	17 Monate	
Tank: – T-XXX A/B –				
etc.				
Rohrleitungs-Material				
Rohrleitungs-Ventile				
Installation / Demontage von Rohrleitungen				
etc.				
MSR-Material				
MSR-Ventile / Equipment				
Installation von Instrumenten				

Beschreibung	Quelle	Lieferzeitraum	Zeitdauer im Terminplan	Kommentare
etc.				
Elektrisches Equipment				
Elektrisches Material				
Elektroinstallation / Elektrodemontagen				
etc.				
Krane für das Einheben der Kolonnen				
Provisorische Einrichtungen, Krane (für andere Dienstleistungen als die Errichtung von Kolonnen) und Gerüste				
etc.				

3 Veränderungen (Changes) zur vorangegangenen Projektphase

3.1 Neubewertung (neue Angebote und/oder neue MTOs)

Im Vergleich zur vorangegangenen Projektphase (auf Basis des Projekt-Terminplans Level 3) wurden für die unten aufgeführten Fachabteilungen neue MTOs erstellt, ohne dass der Umfang entsprechend geändert wurde:

- Civil (Bauwesen)
- Piping (Rohrleitungsbau)
- xxx

3.2 Reduzierung des Leistungsumfanges

Im Vergleich zur vorangegangenen Projektphase (auf Basis des Projekt-Terminplans Level 3) wurden für die unten aufgeführten Fachabteilungen neue MTOs erstellt, ohne dass der Umfang entsprechend geändert wurde:

- Civil
- Die Verstärkungsmaßnahmen an der Rohrbrücke 1 & 3 sind entfallen, ca. 50 Tonnen weniger an Stahlbau notwendig.
- Piping
- xxx

3.3 Erweiterung des Leistungsumfanges

Im Vergleich zur vorangegangenen Projektphase (auf Basis des Projekt Terminplans Level 3) wurden für die unten aufgeführten Fachabteilungen neue MTOs erstellt, ohne dass der Umfang entsprechend geändert wurde:

- Civil
- Piping

- Die Einbindung in das Fackelsystem kann nicht direkt in der Anlage vorgenommen werden. Die Leitungen in CS mit DN200 müssen um ca. 500 m für ca. 4 Einbindungspunkte verlängert werden.
- xxx

4 Einteilung nach Anlagen, Stillstand- (Turnaround und/oder Ausführungszeiträumen

Dieses Projekt wird teilweise in einem Turnaround ausgeführt.

Die folgenden Gewerke, Areas und Anlagen werden nach Turnaround und Ausführungszeitraum aufgeteilt:

Anlage	Stillstands (TA) Scope	Ausführungszeitraum	Kommenatre
Anlage x	Ja	2019	TA nur für: – Rohrbau – Mechanik

5 Projektterminplan

Die wichtigsten Fristen für dieses Projekt (Projekt ist in der Select-Phase) sind:

Beschreibung	Datum	Kommentare
Start Define Engineering	xx.xx.20xx	
Final Invest Decision (FID)	xx.xx.20xx	
Start Detail Engineering	xx.xx.20xx	
Beschaffung von Long Lead Items	xx.xx.20xx	
etc.		
Start Construction	xx.xx.20xx	
Equipment Lieferungen	xx.xx.20xx	
etc.		
Start Rohrleitungsvorfertigung	xx.xx.20xx	
Start Rohrleitungs- und mechanische Arbeiten in Stillstand	xx.xx.20xx	
etc.		
Mechanische Fertigstellung	xx.xx.20xx	
RFSU	xx.xx.20xx	

6 Risiken

6.1 Projektrisiken

Die folgenden Projektrisiken sind als Ergebnis des Projekt Risk Register bekannt:

Risiko	Auswirkung	Eingearbeitet in den Terminplan
Unbekanntes Ausmaß an nicht explodierten Kampfmitteln	Zusätzliche Bodenprüfungen notwendig	Zusätzliche 12 Monate Baufeldvorbereitungen
Unbekannter Status der Rohrbrücke xxx, möglicherweise sind zusätzliche Verstärkungen erforderlich	Verlängerung der Define-Phase	Nicht berücksichtigt

6.2 Risikobewertung und Analyse

Die Ergebnisse der Risikobewertung und Analyse sind in der Kostenschätzung sowie im Terminplan berücksichtigt (Risikoanalyse).

Der kritische Pfad xxx

7 Information zu den Fachabteilungen (Annahmen und Anforderungen)

Die für die einzelnen Fachbereiche spezifischen Annahmen und Anforderungen sind unten dokumentiert. Die grundlegenden Anforderungen werden im Fachbuch beschrieben.

7.1 Equipment

xxx

7.2 Piping

- Das MTO enthält die folgenden Informationen:
- Segmentierung nach Anlage und Design (siehe auch Schedule Plan)
- Segmentierung gemäß ISBL/OSBL
- Anforderungen an die Isolierung
- Anforderungen an Röntgenstrahlen
- Details zur Wärmebehandlung nach dem Schweißen (PWHT)
- etc.

7.3 E- Technik

xxx

7.4 MSR

xxx

7.5 Bauswesen

Das bestehende Fundament für die neue Kolonne C-xxx kann eine Last von ca. 50 t tragen, einschließlich Druckprüfung.

7.6 Anstrich & Isolierung

xxx

7.7 Baustelleneinrichtung (inkl. Gerüste & Krane)

xxx

7.8 Abriss

xxx

8 Planungsleistungen (Engineering)

8.1 Hauptplanungspartner

Die Planungskosten für den Hauptpartner sind wie folgt eingeplant:

Phase/Service	Beschreibung
Appraise	Kein Service geleistet
Select	Basierend auf der tatsächlichen Zeitdauer
Define	Basierend auf Arbeitsstunden, Zeitplan pro Fachabteilung
Detail Engineering	Basierend auf xxx
As-built	Basierend auf xxx
Procurement	Basierend auf xxx
Bauleitung inkl. – Construction Manager – Safety Manager – Überwachung von Civil, Stahlbau, Piping, xxx – Überwachung Gerüstbau – Field engineering – Terminplaner – etc.	Basierend auf xxx
Commissioning Management	Nicht berücksichtigt

8.2 3rd Party

Die nachfolgenden 3rd Party Services sind mit enthalten:

- Ingenieur für bauliche Sicherheit
- TÜV
- Vermessung
- Immissionsschutzbericht
- Probenentnahme
- Standsicherheitsbericht
- xxx

9 Anhänge

Anhang 1: Terminplan Level 1
Anhang 2: Terminplan Level 2
Anhang 3: Terminplan Level 3
Anhang 4: Kritischer Pfad Terminplan
Anhang 5: Terminplan Level 4
Anhang 6: Terminplan Level 5
Anhang 7: Risiko-Register
Anhang 8: RACI Matrix
Anhang 9: Projekt-Checkliste
Anhang 10: Manpower Plan
Anhang 11: xxx

A.4 DACE Labour Norms V2 (Arbeitszeiten)

Die DACE (Dutch Association Cost Engineers, [DACE18]) fasst die Arbeitszeiten für verschiedene Gewerke zusammen. Die folgende Liste gibt einen Überblick über die Gewerke:

- Civil (Massiv- & Tiefbau)
- Steelwork (Stahlbau)
- Electrical & Instrumentation (EMSR)
- Equipment Installation (Equipment Montage)
- Painting Piping (Anstrich von Rohrleitungen)
- Piping Installation (Montage von Rohrleitungen)
- Plastics Piping Installation (Montage von Kunststoffrohrleitungen)
- Scaffolding (Gerüstbau)
- Insulation (Hot & Cold) (Isolierungsarbeiten)

A.5 Schedule Challenge bei den Decision Gates

Die folgenden Seiten dokumentieren eine Vorlage (Template) für das Schedule Challenge bei den Decision Gates, die zusätzlich als Originaldatei (Microsoft Word©) erworben werden kann. Sie dient als allgemeine Vorlage für die Projektterminpläne. Dieses Dokument für Schedule Challenge bei den Decision Gates muss entsprechend den Anforderungen (unternehmens- und projektspezifisch sowie der Projektphase) angepasst werden. Einzelheiten zu den Anforderungen finden Sie im Handbuch zur Terminplanung.

Alle grau hinterlegten Felder sind projektspezifisch zu komplettieren.

Inhalt

Schedule Challenge bei den Decision Gates

Kunde: XXX
Projektname: XXX
Projektnummer: XXX

Erstellt von
XXX

Datum
xx-xx-20xx

Änderungsindex

Revision	Datum	Beschreibung	Ersteller	Freigeber
X	xx-xx-20xx	XXX	XXX	XXX

1 Projektbeschreibung

(Bitte beschreiben Sie kurz den Projektumfang.)

(Füllen Sie die Projektinformationen aus und fügen Sie projektbezogene Zusatzinformationen hinzu, die für die Terminplanung relevant sind.)

Allgemeine Projektinformationen		Kommentare
Name des Projekts	xxx	xxx
Projekt-Nummer	xxx	xxx
Betrieb (Produktionseinheit)	xxx	xxx
Anlage	xxx	xxx
(Ergänzungen)	xxx	xxx
Allgemeine Projektinformationen		**Kommentare**
Stillstands-Scope (Turnaround, TA) Ja / Nein	xxx	xxx
Andere Ineffizienzen (wie diskontinuierliche Arbeit, etc.)	xxx	xxx
Asbestverseuchung	xxx	xxx
Bleihaltige Farbe	xxx	xxx
ISBL und/oder OSBL Scope	xxx	xxx
(Ergänzungen)		
Mechanik:		**Kommentare**
Long Lead Items (LLI)	xxx	xxx
(Ergänzungen))		

Bauwesen		Kommentare
Vorhandene Rohrbrücken/ Stahlbauten überlastet?	xxx	xxx
(Ergänzungen))		
Rohrbau		**Kommentare**
Glühen erforderlich?	xxx	xxx
DN > 400?	xxx	xxx
Material?	xxx	xxx
Dampfbegleitheizung erforderlich?	xxx	xxx
Infrastrukturmaßnahmen für die Dampfbegleitheizung erforderlich?	xxx	xxx
Rohrgraben erforderlich?	xxx	xxx
Rohrbrücken involviert?	xxx	xxx
Neue Rohrklasse erforderlich?	xxx	xxx
(Ergänzungen)		
E-Technik		**Kommentare**
Ausreichende Infrastruktur vorhanden?	xxx	xxx
Elektrische Begleitheizung erforderlich?	xxx	xxx
Sind Kabelgräben erforderlich?	xxx	xxx
Ausreichende Reserven im Schalthaus vorhanden?	xxx	xxx
(Ergänzungen)		
MSR		**Kommentare**
Ausreichende Infrastruktur vorhanden?	xxx	xxx
Sind Kabelgräben erforderlich?	xxx	xxx
Ausreichende Reserven im Schalthaus vorhanden?	xxx	xxx
(Ergänzungen)	xxx	xxx

Baustelleneinrichtung		Kommentare
Temporäre Demontage / Wiedermontage erforderlich?	xxx	xxx
Kritische Transportwege für die Ausrüstung zum Aufstellungsort?	xxx	xxx
(Ergänzungen)		

2 Projekt-Meilensteine

Key Meilensteine / Decision Gates / RFSUs	Datum
PAR 1 / VAR 1	xx-xx-xxxx
PAR 2 / VAR 2	xx-xx-xxxx
PAR 3 / VAR 3	xx-xx-xxxx
FID	
RFSU	xx-xx-xxxx
(Ergänzungen)	

3 Hauptdaten in den Projektphasen

Projekt-Phase	Start	Ende	Laufzeit (Monate)
Appraise	xxx	xxx	xxx
Select	xxx	xxx	xxx
Define	xxx	xxx	xxx
Detail Engineering	xxx	xxx	xxx
Procurement	xxx	xxx	xxx
Construction	xxx	xxx	xxx
RFSU	xxx	xxx	xxx
(Ergänzungen)			

4 Übergabe / Vollständigkeit des Terminplanungspakets

Für den Terminplan Review/Challenge sind die folgenden Dokumente einzureichen:

Dokument / Projektkategorie		Eingereicht	Kommentare
Terminplan Level 1	x	xxx	xxx
Terminplan Level 2 (muss im Vorfeld abgestimmt werden)	x	xxx	xxx
Terminplan Level 3	x	xxx	xxx
Terminplan Level 4	x (Define/ Execute)	xxx	xxx
Terminplan Level 5	x (nur für TA i. d. R. in Execute)	xxx	xxx
Ursprungsdatei und Layoutdateien (Primavera XER & PLF Dateien (ggf. Microsoft Projektdatei)	X	xxx	xxx
Kritischer Pfad Terminplan	x	xxx	xxx
Acumen Fuse Metric Report	x	xxx	xxx
Ressourcentabelle des Kunden und des Engineering Partners	x	xxx	xxx
Basis of Schedule (BoS)	x	xxx	xxx
(Ergänzungen)			

5 Layouts

Dokument / Projektkategorie	Eingereicht	Kommentare
Allgemein		
Entspricht das Erscheinungsbild des Terminplans den Vorgaben (Strukturierung, Farben, Logos usw.)?	xxx	xxx
Sind die Informationen klar strukturiert und lesbar (Schriftgrößen, Zeilenraster, Skalierung usw.)?	xxx	xxx
Sind alle erforderlichen Informationen vollständig enthalten (relevante Spalten, Informationen in Kopf- und Fußzeilen)?	xxx	xxx
(Ergänzungen)		

Dokument / Projektkategorie	Eingereicht	Kommentare
Terminplan Level 1		
Ist das gesamte Projekt mit allen Projektphasen enthalten?	xxx	xxx
Sind die wichtigsten Meilensteine und Aktivitäten der verbleibenden Phase und der folgenden Phase(n) aufgeführt?	xxx	xxx
(Ergänzungen)		
Terminplan Level 3		
Ist das gesamte Projekt mit allen Projektphasen enthalten?	xxx	xxx
Die nächste Phase des Projekts muss in Level 3 detailliert werden.	xxx	xxx
Der gesamte Liefer- und Leistungsumfang muss sichtbar sein, einschließlich der Schnittstellen zwischen verschiedenen Lieferanten, Fachabteilungen usw.	xxx	xxx
Der Terminplan enthält Ressourcen und Arbeitszeitwerte für alle Aktivitäten.	xxx	xxx
Der Terminplan muss den Qualitätskriterien entsprechen.	xxx	xxx
Das Design des Terminplans muss der vorgegebenen Struktur entsprechen.	xxx	xxx
Auf der Grundlage des Terminplans Level 3 ist eine SOLL-Kurve für das Gesamtprojekt (und ggf. auch für einzelne Phasen / Fachabteilungen) vorzulegen.	xxx	xxx
(Ergänzungen)		
Terminplan Level 4		
Sind die Aktivitäten formell in Pre-Construction-Aktivitäten, Construction-Aktivitäten und Post-Construction-Aktivitäten unterteilt?	xxx	xxx
Sind die Aktivitäten gemäß den abgestimmten Montagekonzepten und Schnittstellenprozessen im Terminplan abgebildet?	xxx	xxx
Wurden alle relevanten Beteiligten in den Abstimmungsprozess einbezogen?	xxx	xxx
Die Terminplan Level 4 muss geeignet sein, die Aktivitäten auf den Baustellen zu steuern.	xxx	xxx
Auf der Grundlage des Terminplans Level 4 ist eine SOLL-Kurve Construction vorzulegen.	xxx	xxx
(Ergänzungen)		

Dokument / Projektkategorie	Eingereicht	Kommentare
Terminplan Level 5		
Erfassung aller Equipments gemäß den technischen Unterlagen.	xxx	xxx
Vollständigkeit der übermittelten Informationen (Aktivitätscodes, Ressourcen, Arbeitswerte usw.).	xxx	xxx
Vollständigkeit der Verknüpfungen.	xxx	xxx
Nivellierung der Ressourcen.	xxx	xxx
Es ist eine SOLL-Kurve Construction auf der Grundlage des Terminplans Level 5 vorzulegen.	xxx	xxx
(Ergänzungen)		

6 Kritischer Pfad

Dokument / Projektkategorie	Eingereicht	Kommentare
Geht der kritische Pfad vom Startmeilenstein bis zum Endmeilenstein?	xxx	xxx
Alle Aktivitäten auf dem kritischen Pfad sollten tatsächlich geplante Aktivitäten sein. Das heißt, es sollte sich nicht um Sammelaktivitäten oder Platzhalteraktivitäten handeln, die sich über sehr lange Zeiträume erstrecken.	xxx	xxx
Das Layout des kritischen Pfads muss so angelegt sein, dass die Reihenfolge und die Abhängigkeiten der Aktivitäten leicht erkennbar sind.	xxx	xxx
Pufferzeiten müssen angegeben werden.	xxx	xxx
Wenn es mehrere kritische Pfade oder sogenannte „Near Critical Paths" gibt, müssen diese ebenfalls ausgedruckt und in das Layout des kritischen Pfades oder in ein separates Layout übertragen werden.	xxx	xxx
(Ergänzungen)		

7 Ressourcenplanung

Dokument / Projektkategorie	Eingereicht	Kommentare
Sind die Ressourcen für den gesamten Leistungsumfang abgedeckt? Hierfür ist ein Vergleich mit den Schätzungen der Mannstunden sinnvoll.	xxx	xxx
Ist die Zeitverteilung realistisch? Arbeitsbelastungsspitzen sind zu vermeiden.	xxx	xxx
Bei zeitkritischen Projekten sind die Ressourcen der Engineeringpartner namentlich und ggf. in ihrer Funktion anzugeben.	xxx	xxx
Für die Terminpläne Level 4 und 5 sind zusätzlich zu den Engineering-Ressourcen die Gesamtarbeit mit den verfügbaren Contractorresourcen zu vergleichen und zu dokumentieren.	xxx	xxx
(Ergänzungen)		

8 SOLL-Kurven

(Erklären und kommentieren Sie die eingereichten SOLL-Kurven. Kommentieren Sie ggf. zusätzlich die Abweichungen von der idealtypischen S-Kurve)

Name der SOLL-Kurve	Dateiname	Kommentare
xxx	xxx	xxx
xxx	xxx	xxx
xxx	xxx	xxx

9 Projekt-Checklisten

Dokument / Projektkategorie	Eingereicht	Kommentare
Ist die Projektcheckliste vollständig ausgefüllt?	xxx	xxx
Stimmen alle Einträge in der Checkliste mit den Vorgaben überein? Wenn dies nicht der Fall ist, sollte der Ersteller des Terminplans proaktiv darauf hinweisen, um eine Klärung der relevanten Punkte zu ermöglichen.	xxx	xxx
(Ergänzungen)		

10 Basis of Schedule (BoS)

Dokument / Projektkategorie	Eingereicht	Kommentare
Wurde das BoS projektspezifisch bzw. gemäß den Spezifikationen des Kunden erstellt?	xxx	xxx
Sind alle relevanten Informationen enthalten?	xxx	xxx
(Ergänzungen)		

11 Status der vorherigen Phase

Dokument / Projektkategorie	Eingereicht	Kommentare
Ist das Referenzdatum (Data Date) des Terminplans auf dem neuesten Stand?	xxx	xxx
Sind alle vergangenen Aktivitäten mit ihrem Fortschrittsstatus (tatsächliche Termine und Prozentsatz der Fertigstellung) erfasst?	xxx	xxx
Sind alle unerledigten Restarbeiten aus der Vorphase realistisch geplant worden?	xxx	xxx
(Ergänzungen)		

12 Schedule Quality (siehe u. a. in [DCMA12])

Testkriterien für die Qualität des Terminplans	Zielwert für Nicht-TA-Projekte	Projekt Wert	Kommentare
Die Vorgangsnamen sind spezifisch und eindeutig	100 %	xxx	xxx
Fehlende Terminplanlogik (fehlende Vorgänger oder Nachfolger).	< 5 %	xxx	xxx
Verknüpfungstyp (Die Mehrzahl der Verknüpfungen sollte vom Typ „Ende – Anfang“ sein.)	> 90 %	xxx	xxx
Anzahl harter Constraints (Hard Constraints) (Constraints, die nicht verschiebbar sind)	Nur Startmeilenstein	xxx	xxx
Anzahl weicher Constraints (Soft Constraints) (Beschränkungen, die es erlauben, Aktivitäten zu verschieben)	< 5 %	xxx	xxx
Negative Pufferzeiten	0 %	xxx	xxx
Sehr große Pufferzeiten	< 1 %	xxx	xxx
Aktivitäten ohne Ressourcen	< 1 %	xxx	xxx

Testkriterien für die Qualität des Terminplans	Zielwert für Nicht-TA-Projekte	Projekt Wert	Kommentare
Detaillierungsgrad nicht ausreichend (Aktivitäten mit großen Dauern)	< 1 %	xxx	xxx
Negative Lags (Verknüpfungen mit negativer Nachlaufzeit)	< 1 %	xxx	xxx
Positive Lags (Verknüpfungen mit positiver Nachlaufzeit)	< 5 %	xxx	xxx
Aktivitäten mit Istterminen > Referenzdatum (Data Date)	0 %	xxx	xxx
Endmeilenstein und Vorgänger haben unterschiedliche Kalender	< 1 %	xxx	xxx
Aktivitäten mit unerfüllten Constraints	0 %	xxx	xxx
Aktivitäten mit unerfüllten Beziehungen	0 %	xxx	xxx

Bei Terminplänen Level 5 (mit Auswirkungen auf den Turnaround) sind die oben genannten Werte eingeschränkter (z. B. ist die Logik des fehlenden Terminplans nahezu Null). Die Unternehmensphilosophie ist hier zu befolgen.

13 Software unterstütze Metriken

(Fügen Sie DCMA-Auswertungen aus Acumen Fuse oder Xer Reader ein. Kommentieren Sie die Abweichungen von den Zielwerten.)

DCMA-Evaluation Name	Dateiname	Kommentare
xxx	xxx	xxx
xxx	xxx	xxx
xxx	xxx	xxx

14 Vergleich der Projektlaufzeiten mit bereits ausgeführten Projekten

Projekt Phase	Start	Ende	Dauer (Monate) nach Terminplan	Dauer bereits ausgeführter Projekte	Kommentare
SELECT-Phase to RFSU	(xx-xx-xxxx)	(xx-xx-xxxx)	xxx	xxx	xxx
FID to RFSU	(xx-xx-xxxx)	(xx-xx-xxxx)	xxx	xxx	xxx

15 Ressourcenzuweisung

Ressourcenzuweisung im Projekt	Kommentare
xxx	xxx
xxx	xxx
xxx	xxx

(Erklären Sie, wie die Ressourcenzuweisung im Projekt erfolgte)

Dokument / Projektkategorie	Ergebnisse	Kommentare
Sind alle Ressourcen den Aktivitäten zugeordnet?	xxx	xxx
Sind den Ressourcen die zugehörigen Einheiten und Mengen zugeordnet?	xxx	xxx
Auf welcher Grundlage wurde die Ressourcenzuweisung vorgenommen?	xxx	xxx
(Ergänzungen)		

16 Meilensteine überprüfen

Dokument / Projektkategorie	Ergebnisse	Kommentare
Sind die wichtigsten Meilensteine vollständig und gemäß den Anforderungen des Projekts bzw. Kunden geplant?	xxx	xxx
Insbesondere die RFSU-Frist(en) muss/müssen überprüft werden.	xxx	xxx
Stimmt die Reihenfolge der Meilensteine mit der Ablauflogik überein?	xxx	xxx
(Ergänzungen)		

17 Überprüfen des kritischen Pfades

Dokument / Projektkategorie	Ergebnisse	Kommentare
Entspricht die Reihenfolge des kritischen Pfades im Wesentlichen der erwarteten Reihenfolge? Wenn nicht, prüfen Sie, was die Ursache dafür ist. Wenn sich herausstellt, dass der Terminplan logische Fehler enthält, ist eine Überarbeitung zwingend erforderlich.	xxx	xxx
Der kritische Pfad muss klar dargestellt werden, damit die Reihenfolge und die Abhängigkeiten erkennbar sind.	xxx	xxx
Ist die Dauer der einzelnen Aktivitäten des kritischen Pfads sehr lang (im Verhältnis zur Gesamtdauer der Projektphase und zu den anderen Aktivitäten)? Dies kann ein Hinweis darauf sein, dass die Dauer nicht fundiert ist, sondern auf mehr oder weniger groben Schätzungen beruht.	xxx	xxx
Die Aktivitäten auf dem kritischen Pfad sollten nur mit Ende-Anfang-Beziehungen verknüpft werden. Abweichungen sollten die Ausnahme sein und sind ggf. zu begründen.	xxx	xxx
(Ergänzungen)		

18 Behörden-Engineering

Dokument / Projektkategorie	Ergebnisse	Kommentare
Ist endgültig geklärt, ob und welche Genehmigungen eingeholt werden müssen?	xxx	xxx
Wenn die Klärung noch nicht abgeschlossen ist: Wurde die Klärung und die erforderliche Genehmigungsplanung im Terminplan ausreichend detailliert dargestellt (einschließlich der Abhängigkeiten zu Projektmeilensteinen wie dem Baubeginn)?	xxx	xxx
Wenn geklärt ist, welche Genehmigungen eingeholt werden müssen:		
Sind alle wesentlichen Schritte der Genehmigungsplanung im Terminplan erfasst?	xxx	xxx
Wurde die Genehmigungsplanungsaktivitäten mit allen Projektbeteiligten abgestimmt und bestätigt?	xxx	xxx
Wurde die Genehmigungsplanungsaktivitäten mit den entsprechenden Bearbeitern (der internen Fachabteilung) und der zuständigen Behörde(n) abgestimmt und bestätigt?	xxx	xxx
(Ergänzungen)		

19 Long Lead Items

Dokument / Projektkategorie	Ergebnisse	Kommentare
Gibt es Long Lead Items und wurden die Terminabläufe für jede LLI-Komponente im Terminplan im Detail geplant?	xxx	xxx
Sind alle Einschränkungen und Abhängigkeiten in Bezug auf Genehmigungen, Budgetierung, Technik, Beschaffung und Installation vorhanden?	xxx	xxx
Was ist die Grundlage für die Terminplanung? Idealerweise sollten Angebote von potenziellen Lieferanten vorliegen. Wenn Schätzungen verwendet wurden, sollte die Grundlage der Schätzungen hinterfragt werden.	xxx	xxx
(Ergänzungen)		

20 Beschaffungsstrategie

Dokument / Projektkategorie	Ergebnisse	Kommentare
Gibt es eine abgestimmte Beschaffungsstrategie und einen Beschaffungsplan?	xxx	xxx
Wenn ja, ist diese Strategie im Terminplan umgesetzt worden?	xxx	xxx
Sind alle wesentlichen Abhängigkeiten zu Schnittstellen im Projekt abgebildet?	xxx	xxx
Besondere Aufmerksamkeit gilt den Long Lead Items sowie zeitkritischen Komponenten und Contractorleistungen.	xxx	xxx
(Ergänzungen)		

21 Einkaufsstrategie

Dokument / Projektkategorie	Ergebnisse	Kommentare
Wurde die Einkaufsstrategie für das Projekt genehmigt?	xxx	xxx
Falls nicht: Aus dem Terminplan müssen die Zeiträume und die wichtigsten Meilensteine hervorgehen. Im Zweifelsfall müssen Terminpläne für verschiedene Varianten angegeben werden.	xxx	xxx
Wenn es eine genehmigte Einkaufs- (Vertrags-) Strategie gibt: Wurden die Beschaffungsprozesse mit der entsprechenden Struktur und Prozess im Terminplans entsprechend berücksichtigt?	xxx	xxx
(Ergänzungen)		

22 TIC Estimate

Dokument / Projektkategorie	Ergebnisse	Kommentare
Sind die Leistungen und Prozesse der Kostenschätzung im Terminplan enthalten und sind ausreichende Zeitrahmen für die Vorbereitung und die Genehmigungsprozesse für Reviews/Challenges/Mittelgenehmigung vorgesehen?	xxx	xxx
Sind die grundlegenden Kostenschätzungsunterlagen für alle Projekt-Fachabteilungen im Terminplan enthalten, geplant und mit der Kostenschätzung verknüpft?	xxx	xxx
(Ergänzungen)		

23 Terminplan

Dokument / Projektkategorie	Ergebnisse	Kommentare
Ist der Terminplan für die nächste Projektphase Level 3 (oder höher) verfügbar?	xxx	xxx
Ist der Terminplan auf dem neuesten Stand?	xxx	xxx
Enthält der Terminplan für die nachfolgenden Phasen einen ausreichend detaillierten Grobterminplan, der das Gesamtprojekt bis zum Projektende umfasst?	xxx	Xxx
Ist der gesamte Liefer- und Leistungsumfang im Terminplan enthalten?	xxx	xxx
Entspricht der Terminplan den Vorgaben des Projektes bzw. Kunden?	xxx	xxx
Werden andere Spezifikationen berücksichtigt, wie z. B. Benchmarking-Spezifikationen, DCMA-Check usw.?	xxx	xxx
(Ergänzungen)		

24 QHSSE-Strategie (Quality, Health, Safety, Security and Environment)

Dokument / Projektkategorie	Ergebnisse	Kommentare
Sind die für die Erstellung, Anpassung und Aktualisierung der QHSSE-Strategie erforderlichen Aktivitäten im Terminplan vorgesehen?	xxx	xxx
(Ergänzungen)		

25 Ausführungsunterlagen (für Execute-Terminpläne)

Dokument / Projektkategorie	Ergebnisse	Kommentare
Wurden für die Erstellung der Ausführungsunterlagen sowie für die externen und internen Auditverfahren ausreichende Zeiträume geplant?	xxx	xxx
Wurden diese Verfahren mit den beteiligten Parteien abgestimmt, insbesondere mit den externen Prüfern (Testingenieur, TÜV usw.)	xxx	xxx
Sind angemessene Pufferzeiten eingeplant?	xxx	xxx
(Ergänzungen)		

26 Review der Construction-Beginn (für Execute-Terminpläne)

Dokument / Projektkategorie	Ergebnisse	Kommentare
Ist der Terminplan für die Ausführung in Level 4 oder für TAs in Level 5 verfügbar?	xxx	xxx
Sind alle behördlichen Genehmigungen und sonstigen formalen Anforderungen vorhanden?	xxx	xxx
Sind alle Dokumente für die Baustelle vorhanden, wie z. B. die Montagemappen und genehmigte Baupläne des Statikers?	xxx	xxx
Wurden alle QHSSE-Anforderungen berücksichtigt und erfüllt?	xxx	xxx
Ist die Einrichtung der Baustelle und die Baustellenlogistik geplant?	xxx	xxx
Sind Suchschachtungen (kleine und/oder große) geplant und wie ist deren Status?	xxx	xxx
Sind Ausgrabungen beispielsweise für Fundamente geplant, und wie ist der Stand der Dinge?	xxx	xxx
Wurde die Untersuchung der Kontamination geplant?	xxx	xxx
Wurde die Untersuchung von Bomben (Kampfmittelräumdienst) geplant?	xxx	xxx
Wurde die Untersuchung der Rohrbrücken geplant?	xxx	xxx
Wurde die Verstärkung der Rohrbrücken geplant?	xxx	xxx
(Ergänzungen)		

27 Prozesse und Abhängigkeiten

Dokument / Projektkategorie	Ergebnisse	Kommentare
Ist der Terminplan mit allen erforderlichen Komponenten vorhanden und entspricht er den formalen Anforderungen?	xxx	xxx
Auf welcher Datengrundlage basiert der Terminplan? Welche Dokumente wurden verwendet oder welche Abstimmungen wurden durchgeführt (z. B. interaktive Terminplanungssitzungen)?	xxx	xxx
Wurde der Terminplan innerhalb des Teams koordiniert und abgestimmt? Dies umfasst die interne Abstimmung im Engineeringteam und die Abstimmung mit den Verantwortlichen des Projekts bzw. Kunden.	xxx	xxx
Falls relevant: Wurden die Genehmigungsverfahren bei den Verantwortlichen bei den Behörden vorgelegt und die Durchführbarkeit geprüft?	xxx	xxx
Falls zutreffend: Wurden die Schnittstellen- und Inbetriebnahmetermine mit den Verantwortlichen für den Betrieb überprüft und bestätigt?	xxx	xxx
Ist der kritische Pfad des Projekts (oder der Projektphase) plausibel und nachvollziehbar?	xxx	xxx
(Ergänzungen)		

28 Überprüfung der technischen Fachabteilungen

Dokument / Projektkategorie	Ergebnisse	Kommentare
Wurde der Terminplan mit den jeweiligen Fachbereichsleitern abgestimmt und liegt die Genehmigung oder Stellungnahme aller Fachbereichsleiter vor?	xxx	xxx
Enthält der Terminplan die wesentlichen technischen Dokumente aller Fachabteilungen (Deliverables) und sind diese gemäß den technischen Prozessen geplant?	xxx	xxx
Sind die Schätzungen der Arbeitsstunden (d.h. Arbeitszeit und Zeitfenster) für die technischen Dokumente plausibel? Insbesondere sollte für die Zusammenfassung der Quantities ausreichend Zeitfenster berücksichtigt werden.	xxx	xxx
(Ergänzungen)		

29 Abweichungsanalyse

Dokument / Projektkategorie	Ergebnisse	Kommentare
Der genehmigte Status der vorherigen Phase oder der letzte vom Kunden genehmigte Status ist als Vergleichsbasis heranzuziehen. Der Basisplan der letzten Phase ist anzuzeigen (hier können bei Bedarf auch mehrere Basispläne angezeigt werden), sodass mögliche Verzögerungen, Umfangsreduzierungen bzw. Scope-Reduzierungen oder die Aufnahme eines neuen Umfangs bzw. Scope-Erweiterung klar ersichtlich sind (Fokus Scope). Alle wichtigen Punkte sind zu dokumentieren und aufzulisten sowie zu begründen.	xxx	xxx
Abweichungen von Meilensteinen und Aktivitäten, insbesondere solcher, die einen Einfluss auf Schnittstellen oder kritischer Aktivitäten anderer Projekte haben, sind zu dokumentieren und aufzulisten sowie zu begründen.	xxx	xxx
Aktivitäten, die hinzugefügt oder gestrichen wurden (Fokus Aktivitäten): Diese sind im Hinblick auf den Umfang bzw. Scope zu dokumentieren und aufzulisten sowie zu begründen.	xxx	xxx
Änderungen in der Terminplanreihenfolge und -logik: Änderungen am RFSU-Termin müssen hier ebenfalls analysiert und dokumentiert werden.	xxx	xxx
(Ergänzungen)		

30 Integrität des Terminplans

Dokument / Projektkategorie	Ergebnisse	Kommentare
Wurde ein IAP (Interactive Planning Session) mit allen relevanten Engineeringbeteiligten durchgeführt?	xxx	xxx
Was waren die Ergebnisse des IAPs? Welche Risiken für den Terminplan wurden im Rahmen des IAP identifiziert? Wie wurden diese im Terminplan berücksichtigt?	xxx	xxx
Stimmt der vorgelegte Terminplan mit dem Ergebnis des IAPs überein? Im Falle von erheblichen Abweichungen: Um welche handelt es sich, und wurden sie vom Team vereinbart und genehmigt?	xxx	xxx
(Ergänzungen)		

A.6 Schedule Challenge bei den Schedule Updates

Die folgenden Seiten dokumentieren ein Template (Vorlage) für das Schedule Challenge at Schedule Updates (Scheduleaktualisierungen), das zusätzlich als Originaldatei (Microsoft Word©) erworben werden kann. Es dient als allgemeine Vorlage für die Projektterminpläne. Dieser Schedule Challenge at Schedule Updates muss entsprechend den Anforderungen (unternehmens- und projektspezifisch sowie entsprechend der Projektphase) angepasst werden. Einzelheiten zu den Anforderungen finden Sie im Handbuch zur Terminplanung.

Alle grau hinterlegten Felder sind projektspezifisch zu komplettieren.

Inhalt

1 Projektbeschreibung
2 Übergabe / Vollständigkeit des Terminplanungspakets
3 Besondere Ereignisse mit Auswirkungen auf den Terminplan im Berichtszeitraum
4 Projekt-Meilensteine
5 Hauptdaten in den Projektphasen
6 Stillstands- (Turnaround, TA)-Projekt
7 Kritischer Pfad
8 S-Kurven (SOLL/IST)
9 Abweichungsanalyse

Schedule Challenge bei den Schedule Updates

Kunde: XXX
Projektname: XXX
Projektnummer: XXX

Erstellt von
XXX

Datum
xx-xx-20xx

Änderungsindex

Revision	Datum	Beschreibung	Ersteller	Freigeber
X	xx-xx-20xx	XXX	XXX	XXX

1 Projektbeschreibung

(Bitte beschreiben Sie kurz den Projektumfang bzw. -scope.)

(Komplettieren Sie die Projektinformationen und fügen Sie projektbezogene Randbedingungen hinzu, die für die Terminplanung relevant sind.)

Allgemeine Projektinformationen		Kommentare	Changes
Name des Projekts	xxx	xxx	xxx
Projekt-Nummer	xxx	xxx	xxx
Betrieb (Produktionseinheit)	xxx	xxx	xxx
Anlage	xxx	xxx	xxx
Stillstands-Scope (Turnaround, TA) Ja / Nein	xxx	xxx	xxx
(Ergänzungen)			
Allgemeine Projektinformationen		**Kommentare**	**Changes**
Projektphase	xxx	xxx	xxx
Zeitplanaktualisierung für den Monat	xxx	xxx	xxx
Signifikante Änderungen (Designänderungen / MOC / > 4 Wochen)	xxx	xxx	xxx
(Ergänzungen)			
Allgemeine Projektinformationen		**Kommentare**	**Changes**
Andere Ineffizienzen (wie diskontinuierliche Arbeit etc.)	xxx	xxx	xxx
Asbestverseuchung	xxx	xxx	xxx
Bleihaltige Farbe	xxx	xxx	xxx
Kontamination	xxx	xxx	xxx

Allgemeine Projektinformationen		Kommentare	Changes
ISBL und/oder OSBL Bereich	xxx	xxx	xxx
Behörden-Engineering	xxx	xxx	xxx
(Ergänzungen)			

2 Übergabe / Vollständigkeit des Terminplanungspakets

Reichen Sie die folgenden Terminplanungsunterlagen mit der Terminplanaktualisierung ein. Wenn abweichende Dokumente mit der Projektleitung des Auftraggebers vereinbart wurden, ist ein entsprechender Vermerk einzufügen oder es sind zusätzliche Dokumente zu ergänzen.

Dokument / Projektkategorie		Eingereicht	Kommentare
Terminplan Level 1	x	xxx	xxx
Terminplan Level 2 (muss im Vorfeld abgestimmt werden)			
Terminplan Level 3	x	xxx	xxx
Terminplan Level 4	x (Define/ Execute)	xxx	xxx
Terminplan Level 5	x (nur für TA i. d. R. in) Execute)	xxx	xxx
Ursprungsdatei und Layoutdateien (Primavera XER & PLF Dateien (ggf. Microsoft Projektdatei)	x	xxx	xxx
Kritischer-Pfad-Terminplan	x	xxx	xxx
S- Kurve (SOLL/IST)	x	xxx	xxx
Basis of Schedule (BoS)	x	xxx	xxx

3 Besondere Ereignisse mit Auswirkungen auf den Terminplan im Berichtszeitraum

Mechanik	Verweis auf den Terminplan (Aktivitätsnummer)	Kommentare	Changes
Long Lead Items	xxx	xxx	Xxx
(Ergänzungen)			

Bauwesen	Verweis auf den Terminplan (Aktivitätsnummer)	Kommentare	Changes
Suchschachtungen	xxx	xxx	Xxx
Kontamination	xxx	xxx	Xxx
Störkanten	xxx	xxx	Xxx
Vorhandene Rohrbrücken / Stahlbauten überlastet?	xxx	xxx	Xxx
(Ergänzungen)			

Rohrbau	Verweis auf den Terminplan (Aktivitätsnummer)	Kommentare	Changes
Neue Rohrklasse erforderlich?	xxx	xxx	Xxx
(Ergänzungen)			

E-Technik:	Verweis auf den Terminplan (Aktivitätsnummer)	Kommentare	Changes
(Ergänzungen)			

MSR:	Verweis auf den Terminplan (Aktivitätsnummer)	Kommentare	Changes
(Ergänzungen)			

4 Projekt Meilensteine

Key Meilensteine/Decision Gates / RFSUs	Datum des DG 1	Datum des DG 2	Datum des DG 3	Ist Datum	Änderungen zum letzten DG	Änderungen zum letzten Update vom xx.xx.xxxx
FEL-1: PAR 1 / VAR 1	xxx	xxx	xxx	xxx	xxx	xxx
FEL-2: PAR 2 / VAR 2	xxx	xxx	xxx	xxx	xxx	xxx
FEL-3: PAR 3 / VAR 3	xxx	xxx	xxx	xxx	xxx	xxx
FID	xxx	xxx	xxx	xxx	xxx	xxx
RFSU	xxx	xxx	xxx	xxx	xxx	xxx
(Ergänzungen)						

5 Hauptdaten in den Projektphasen

Projekt Phase	Datum des DG 1	Datum des DG 2	Datum des DG 3	Ist Datum	Änderungen zum letzten DG	Änderungen zum letzten Update vom xx.xx.xxxx
Appraise – Start – Ende	xxx xxx	xxx xxx	xxx xxx	xxx xxx	xxx xxx	xxx xxx
Select – Start – Ende	xxx xxx	xxx xxx	xxx xxx	xxx xxx	xxx xxx	xxx xxx
Define – Start – Ende	xxx xxx	xxx xxx	xxx xxx	xxx xxx	xxx xxx	xxx xxx
FID	xxx	xxx	xxx	xxx	xxx	xxx
Detail Engineering – Start – Ende	xxx xxx	xxx xxx	xxx xxx	xxx xxx	xxx xxx	xxx xxx
Procurement (Beschaffung) – Start – Ende	xxx xxx	xxx xxx	xxx xxx	xxx xxx	xxx xxx	xxx xxx
Construction (Bau) – Start – End	xxx xxx	xxx xxx	xxx xxx	xxx xxx	xxx xxx	xxx xxx

Projekt Phase	Datum des DG 1	Datum des DG 2	Datum des DG 3	Ist Datum	Änderungen zum letzten DG	Änderungen zum letzten Update vom xx.xx.xxxx
RFSU	xxx	xxx	xxx	xxx	xxx	xxx
(Ergänzungen)						

6 Stillstands (Turnaround, TA)-Projekt

Projekt Phase	Orig. start	Orig. ende	Derzeitiger start	Derzeitiges ende	Kommentare
Shutdown bzw. Abfahren der Anlage(n)	xxx	xxx	xxx	xxx	xxx
TA	xxx	xxx	xxx	xxx	xxx
Start-up bzw. Anfahren der Anlage(n)	xxx	xxx	xxx	xxx	xxx
Wie sind die Arbeiten geplant? – einschichtig – zweischichtig – mit Sonntagsarbeit	xxx	xxx	xxx	xxx	xxx
(Ergänzungen)					

7 Kritsicher Pfad

Abweichung	Auswirkung	Kommentare, Maßnahmen etc.
(Abweichung vom Basisplan mit Aktivitäts-ID)	xxx	xxx
(Abweichung vom Basisplan mit Aktivitäts-ID)	xxx	xxx
(Abweichung vom Basisplan mit Aktivitäts-ID)	xxx	xxx
(Abweichung vom Basisplan mit Aktivitäts-ID)	xxx	xxx
(Abweichung vom Basisplan mit Aktivitäts-ID)	xxx	xxx

8 S-Kurven (SOLL/IST)

(Erklären und kommentieren Sie die eingereichten S-Kurven. Kommentieren Sie die Abweichungen von der idealtypischen S-Kurve.)

Name der S-Curve	Status und Kommentare
xxx	xxx
xxx	xxx
xxx	xxx
xxx	xxx
xxx	xxx

9 Abweichungsanalyse

Dokument / Projektkategorie	Ergebnis	Kommentare
Der genehmigte Status der vorherigen Phase oder der letzte vom Kunden genehmigte Status ist als Vergleichsbasis heranzuziehen. Der Basisplan der letzten Phase ist anzuzeigen (hier können bei Bedarf auch mehrere Basispläne angezeigt werden), sodass mögliche Verzögerungen, Umfangsreduzierungen bzw. Scopereduzierungen oder die Aufnahme eines neuen Umfangs bzw. Scopeerweiterung klar ersichtlich sind (Fokus Scope). Alle wichtigen Punkte sind zu dokumentieren und aufzulisten sowie zu begründen.	xxx	xxx
Abweichungen von Meilensteinen und Aktivitäten, insbesondere solcher, die einen Einfluss auf Schnittstellen oder kritischer Aktivitäten anderer Projekte haben, sind zu dokumentieren und aufzulisten sowie zu begründen.	xxx	xxx
Aktivitäten, die hinzugefügt oder gestrichen wurden (Fokus Aktivitäten): Diese sind im Hinblick auf den Umfang bzw. Scope zu dokumentieren und aufzulisten sowie zu begründen.	xxx	xxx
Änderungen in der Terminplanreihenfolge und -logik: Änderungen am RFSU-Termin müssen hier ebenfalls analysiert und dokumentiert werden.	xxx	xxx
(Ergänzungen)		

A.7 Projekt-Checkliste

Die folgenden Seiten dokumentieren ein Template (Vorlage) für eine Projekt-Checkliste, das zusätzlich als Originaldatei (Microsoft Excel©) erworben werden kann. Es dient als allgemeine Vorlage für die Projektterminpläne. Diese Projekt-Checkliste muss entsprechend den Anforderungen (unternehmens- und projektspezifisch sowie entsprechend der Projektphase) angepasst werden. Einzelheiten zu den Anforderungen finden Sie im Handbuch zur Terminplanung.

Alle grau hinterlegten Felder sind als Beispiel angegeben und projektspezifisch zu komplettieren.

Projekt-Checkliste

Kunde: xxx
Projektname: xxx

Projektnummer: xxx

Erstellt von

xxx

Datum
xxx

Änderungsindex

Revision	Datum	Beschreibung	Ersteller	Freigeber
X	xx-xx-20xx	XXX	XXX	XXX

Generelle Projekinformationen			
Kunde:	xxx	Datum:	xx.xx.20xx
Projektname:	xxx	Beginn der Einkaufsaktivitäten:	xx.xx.20xx
Projektnummer:	xxx	Baubeginn:	xx.xx.20xx
Terminplan Level:	xxx	Mechanical completion:	xx.xx.20xx

Fachbereich	Frage / Hinweis	Antwort / Status	Kommentare
General			
	Alle MTOs geprüft und genehmigt?		
	Sind alle MTOs mit dem Kunden abgestimmt?		
	Beteiligung der Öffentlichkeit erforderlich?		
	Lärmschutzbericht verfügbar?		
	xxx		
General			
	Sind die tatsächlichen Kosten vollständig erfasst, einschließlich der endgültigen Prognose bis zum Ende der Projektphase?		
	Sind allen Teammitgliedern die Abweichungen vom Basis-Terminplan bekannt?		
	xxx		

Bauwesen			
	Untergrundbericht verfügbar?		
	Status der Kontamination?		
	Unterirdische Hindernisse vorhanden?		
	Verstärkung der Rohrbrücke erforderlich?		
	Sind die Kabelgräben mit der E-Technik und dem MSR-Bereich abgestimmt?		
	Ausreichende Tragfähigkeit der vorhandenen Fundamente, einschließlich Druckprüfung?		
	xxx		
Gerüstbau			
	Sind die Anforderungen des Gerüstbaus mit allen Fachbereichen, einschließlich E-Technik und MSR, abgestimmt?		
	Ist ein Regieteam (Stand-by Team für schnelle Gerüstanpassungen) geplant bzw. vorhanden?		
	xxx		
Bauleitung			
	Vorübergehende Vorkehrungen für die Montage oder den Transport des Krans erforderlich?		
	Erforderliche(r) Baustromversorgung(en)?		
	Versicherung(en) während der Montagephase berücksichtigt (Contractors' All Risks (CAR))?		
	xxx		
Rohrleitungsbau			
	Temporärer Abriss erforderlich?		
	xxx		
xxx			
	xxx		

Kommentare:			
	xxx		

A.8 Übersicht der Gewerke

[WUER17] gibt einen Überblick über die Gewerke für die Bauarbeiten. Die folgenden Seiten dokumentieren diese Übersicht zur Orientierung (Liste der Gewerke auf der Grundlage der VOB/C in der Fassung von 2012):

- General (Allgemein),
- Civil Enginering (Tiefbau) und
- Building Construction (Hochbau).

General (Allgemein)
DIN 18299 Allgemeine Regelungen für Bauarbeiten jeder Art

Civil Engineering (Tiefbau)
DIN 18300 Erdarbeiten
DIN 18301 Bohrarbeiten
DIN 18302 Arbeiten zum Ausbau von Bohrungen
DIN 18303 Verbeuarbeiten
DIN 18304 Ramm-, Rüttel-, Und Pressarbeiten
DIN 18305 Wasserhalterungsarbeiten
DIN 18306 Entwässerungskanalarbeiten
DIN 18307 Druckrohrleitungsarbeiten außerhalb des Gebäudes
DIN 18308 Drain- und Versickerungsarbeiten
DIN 18309 Einpressarbeiten
DIN 18311 Nassbaggerarbeiten
DIN 18312 Untertagebauarbeiten
DIN 18313 Schlitzwandarbeiten mit stützenden Flüssigkeiten
DIN 18314 Spritzbetonarbeiten
DIN 18315 Verkehrswegebauarbeiten – Oberschichten ohne Bindemittel
DIN 18316 Verkehrswegebauarbeiten – Oberschichten mit hydraulischen Bindemitteln
DIN 18317 Oberbauschichten aus Asphalt
DIN 18318 Verkehrswegebauarbeiten – Pflasterdecken und Plattenbeläge, in ungebundener Ausführung, Einfassungen
DIN 18319 Rohrvortriebsarbeiten
DIN 18320 Landschaftsbauarbeiten
DIN 18321 Düsenstrahlarbeiten
DIN 18322 Kabelleitungstiefbauarbeiten
DIN 18323 Kampfmittelräumarbeiten
DIN 18325 Gleisbauarbeiten
DIN 18326 Renovierungsarbeiten an Entwässerungskanälen

Building Construction (Hochbau)
DIN 18330 Mauerarbeiten
DIN 18331 Betonarbeiten
DIN 18332 Naturwerksteinarbeiten

DIN 18333 Betonwerksteinarbeiten
DIN 18334 Zimmer- und Holzbauarbeiten
DIN 18335 Stahlbauarbeiten
DIN 18336 Abdichtungsarbeiten
DIN 18338 Dachdeckungs- und Dachabdichtungsarbeiten
DIN 18339 Klempnerarbeiten
DIN 18340 Trockenbauarbeiten
DIN 18345 Wärmedämm- Verbundsysteme
DIN 18349 Betonerhaltungsarbeiten
DIN 18350 Putz- und Stuckarbeiten
DIN 18351 Vorgehängte hinterlüftete Fassaden
DIN 18352 Fliesen- und Plattenarbeiten
DIN 18353 Estricharbeiten
DIN 18354 Gussaphaltarbeiten
DIN 18355 Tischlerarbeiten
DIN 18356 Parkettarbeiten
DIN 18357 Beschlagarbeiten
DIN 18358 Rolladenarbeiten
DIN 18360 Metallarbeiten
DIN 18361 Verglasungsarbeiten
DIN 18363 Maler- und Lackierarbeiten, Beschichtungen
DIN 18364 Korrosionsschutzarbeiten an Stahlbauten
DIN 18365 Bodenbelagarbeiten
DIN 18366 Tapezierarbeiten
DIN 18367 Holzpflasterarbeiten
DIN 18379 Raumlufttechnische Anlagen
DIN 18380 Heizanlagen und zentrale Wasserwärmungsanlagen
DIN 18381 Gas-, Wasser- und Entwässerungsanlagen innerhalb von Gebäuden
DIN 18382 Nieder- und Mittelspannungsanlagen mit Nennspannung bis 36kV
DIN 18384 Blitzschutzanlagen
DIN 18385 Förderanlagen, Aufzugsanlagen, Fahrtreppen und Fahrsteige
DIN 18386 Gebäudeautomation
DIN 18421 Dämm- und Brandschutzarbeiten an technischen Anlagen
DIN 18451 Gerüstbauarbeiten
DIN 18459 Abbruch- und Rückbauarbeiten

A.9 Arbeitszeitwerte (Working Time Values)

Auf den folgenden Seiten finden Sie die Literaturarbeitszeitwerte zur Orientierung.

Arbeitszeitwerte nach [Biel13]:

Arbeit	Arbeitszeitwerte	Einheit
Vorbereiten der Baustelle		
Aufstellen des Krans	10–50	h/Einheit
Stahlgitterzaun aufstellen	0,2–0,4	h/m
Anschluss der Versorgungsleitungen (Strom, Wasser)	0,2–0,5	h/m
Aushub		
Ausheben der Baugrube	0,01–0,05	h/m³
Aushub der einzelnen Fundamente mit der Schaufel, einschließlich Abtragung	0,05–0,3	h/m³
Aushub einzelner Fundamente von Hand	1,0–2,0	h/m³
Beton		
Grobe Schätzung für den kompletten Rohbau (700–1400 m³ Bruttovolumen und 3-5 Arbeiter)	0,8–1,2	h/m³ GV
Binderschicht, unbewehrt, d = 5 cm	0,2	h/m²
Bodenplatte, bewehrter Ortbeton, d = 20 cm	2	h/m²
Decke, bewehrter Ortbeton, d = 20 cm	1,6	h/m²
Vorgefertigte und teilweise vorgefertigte Betondecken	0,4–0,9	h/m²
Gesamtes Gebäude, vorgefertigt	0,3–0,7	h/t
Gegossene Betonelemente (ohne Schalung und Bewehrung)	0,4–0,5	h/m³
Gegossene Wände (ohne Schalung und Bewehrung)	1,0–1,5	h/m³
Gegossene Säulen (ohne Schalung und Bewehrung)	1,5–2,0	h/m³
Ortbeton-Treppenhaus (ohne Schalung und Bewehrung)	3	h/Einheit
Großflächenschalung	0,6–1,0	h/m²
Einzelschalung	1,0–2,0	h/m²
Betonbewehrung	12–24	h/t
Beton		
Alle Arten der Versiegelung	0,25–0,40	h/m²
Gerüstbau (Auf- und Abbau)	0,1–0,3	h/m²
Mauerwerk		
Tragende Wand aus Mauerwerk	1,2–1,6	h/m³
Nichttragende Innenwand	0,8–1,2	h/m³
Zimmermannsarbeiten		
Sparrendach, einschließlich Anschluss und Montage (je nach Dachfläche)	0,5–0,7	h/m²

Arbeit	Arbeitszeitwerte	Einheit
Dacheindeckung		
Flachdach (Kies), einschließlich kompletter Montage des nicht isolierten Daches	0,5–0,7	h/m^2
Steildach mit Dachziegeln	1,0–1,2	h/m^2
Metallbedachung	1,3–1,5	h/m^2
Fensterbau	1,5–2,5	h/Einheit
Einbau der einzelnen Fenster	0,6–1,5	h/Einheit
Einbau von Rollladenkästen	2,5–3,5	h/Einheit
Dachfenster	0,3–0,5	h/m
Innenfensterbänke	1,5–2,5	h/Einheit
Arbeit	Arbeitszeitwerte	Einheit
Verputzen		
Verputzen außen	0,5–0,7	h/m^2
Innenverputz, maschinell ausgeführt	0,2–0,4	h/m^2
Innenverputz, manuell	0,3–0,6	h/m^2
Deckenputz	0,3–0,4	h/m^2
Estrich		
Verlegung von Zementestrich und Anhydridestrich (ohne Membranen, Dämmung usw.)	0,1–0,3	h/m^2
Verlegung von Gussasphaltestrichen (ohne Membranen, Dämmung usw.)	0,3–0,5	h/m^2
Schwimmende Estriche, einschließlich Dämmschicht	0,6–1,0	h/m^2
Terrazzo-Estrich, poliert	2,0–2,5	h/m^2
Trockenbau		
Trockenbauwände mit Gipskartonplatten	0,2–0,5	h/m^2
Vorgefertigte Wände oder Wandverkleidungen, einlagig, einschließlich Unterkonstruktion	0,7–0,8	h/m^2
Verkleidung von Schrägdecken	0,3–0,5	h/m^2
Abgehängte Deckenkonstruktionen	0,6–1,1	h/m^2
Gipskarton-Ständerwand, einlagig	0,4–0,8	h/m^2
Gipskarton-Ständerwand, doppelschalig	0,6–1,5	h/m^2
Türen		
Einbau von Stahlzargen und Türblättern	1,9–2,5	h/unit
Einbau von Holztüren	1,0–1,5	h/unit
Außentüren	2,5–4,5	h/unit

Arbeit	Arbeitszeitwerte	Einheit
Fliesen, Pflastersteine, geschnittene Steine		
Bodenfliesen	0,5–1,8	h/m²
Wandfliesen	1,3–2,5	h/m²
Natur- und Betonpflastersteine	0,8–1,2	h/m
Sockelleiste aus Fliesen oder Naturstein	0,3–0,4	h/m
Bodenbelag		
Ebenerdige Oberfläche schaffen, Löcher füllen	0,05–0,2	h/m²
PVC, Linoleum und gewalzte Bodenbeläge	0,3–0,6	h/m²
Nadelfilz oder Teppich auf Estrich	0,1–0,4	h/m²
Fußleisten	0,1–0,2	h/m²
Parkettböden, einschließlich Oberflächenbehandlung	1,2–1,8	h/m²
Schleifen von Parkettböden, Oberflächenbehandlung	0,2–0,3	h/m²
Natursteinböden	0,9–1,2	h/m²
Treppenhausbeläge	0,5–0,7	h/m²
Streichen und Tapezieren		
Spachtelarbeiten	0,1–0,2	h/m²
Standardtapeten (Raufasertapeten, dicke Prägetapeten, usw.)	0,1–0,4	h/m²
Spezialtapeten (Velours, Textil, Wandbilder, etc.)	0,3–0,8	h/m²
Streichen von Innenwänden, ein Anstrich	0,05–0,2	h/m²
Streichen von Innenwänden, drei Anstriche	0,2–0,5	h/m²
Verputzen und Streichen von Außenwänden	0,2–0,8	h/m²
Streichen von Fenstern, pro Anstrich	0,2–0,6	h/m²
Anstrich von Metallflächen, alle erforderlichen Anstriche (Türen, Blechwände usw.)	0,3–0,6	h/m²
Anstrich von Metallelementen, alle erforderlichen Anstriche (Rahmen, Blechverkleidung usw.)	0,6–1,0	h/m²
Anstrich von Metallgeländern	0,1–0,3	h/m
Elektrische Arbeiten		
Grober Kostenvoranschlag für alle Elektroinstallationen (700-1400 m³ Bruttorauminhalt und 2-3 Arbeiter)	0,2–0,4	h/m³ GV
Montage der Kabeltrasse und elektrische Leitungen	0,3–0,5	h/m
Beleuchtung Montieren	0,3–0,8	h/Einheit
Montage des Unterverteilers	0,5–1,0	h/Einheit
Detaillierte Installation von Schaltern, Steckdosen, usw.	0,02–0,05	h/Einheit

Arbeit	Arbeitszeitwerte	Einheit
Installation von Heizung, Wasserleitungen und Sanitäranlagen		
Grober Kostenvoranschlag für die komplette Heizungsinstallation (700–1400 m³ Bruttorauminhalt und 2–3 Arbeiter)	0,1–0,3	h/m³ GV
Grobkalkulation für komplette Gas-, Wasser- und Abwasseranlagen (700–1400 m³ Bruttorauminhalt und 2–3 Arbeiter)	0,15–0,4	h/m³ GV
Grobmontage von Rohrtrassen	0,4–0,8	h/m
Regen- und Schmutzwasserleitungen	0,10–0,50	h/m
Detaillierte Installation und Montage von Sanitäreinrichtungen	0,3–1,0	h/Einheit

A.10 RACI Matrix

Die folgenden Seiten dokumentieren ein Template (Vorlage) für eine RACI-Matrix, das zusätzlich als Originaldatei (Microsoft Excel©) erworben werden kann. Es dient als allgemeine Vorlage für die Projektterminpläne. Diese RACI-Matrix muss entsprechend den Anforderungen (unternehmens- und projektspezifisch sowie entsprechend der Projektphase) angepasst werden. Einzelheiten zu den Anforderungen finden Sie im Handbuch zur Terminplanung.

Alle grau hinterlegten Felder sind als Beispiele angegeben und projektspezifisch zu komplettieren.

RACI Matrix

Kunde: xxx
Projektname:xxx

Projektnummer: xxx

Erstellt von

xxx

Datum
xxx

Änderungsindex

Revision	Datum	Beschreibung	Ersteller	Freigeber
x	xx-xx-20xx	xxx	xxx	xxx

RACI Matrix

		Name							
ID	**Aufgabe**		**Rolle**	**Rolle**	**Rolle**	**Rolle**	**Rolle**	**Rolle**	**Rolle**

R = Responsible - verantworlich für die Durchführung

A = Accountable - rechtlich verwantwortlich

C = Consulted - beratend

I = Informed - wird informiert

Abkürzungsverzeichnis

AFC	Approved for Construction
AFD	Approved for Design
ATEX	Atmospheres Explosives
AwVS	Verordnung über Anlagen zum Umgang mit wassergefährdenden Stoffen
B	Betrieb
Bau GB	Baugesetzbuch
BDP	Basic Design Package
BDEP	Basic Design Engineering Package
BGH	Begleitheizung
BImSch V	Bundes-Immissionsschutzgesetz
BIM	Building Information Modeling
BL	Bauleitung
BoD	Basis of Design
BoS	Basis of Schedule
C	Construction
Capex	Capital Expenditures
CBA	Commercial Bid Analyses
CE	Cost Estimation
CM	Construction Management
CPM	Critical Path Method
CSRA	Cost Schedule Risk Analyse
DACE	Dutch Association Cost Engineers
DCMA	Defence Contract Management Agency
DG	Decision Gate
DIN	Deutsche Institut für Normung
DRLG	Druckgeräterichtlinie
E	Engineering
EMSR	Elektrik, Messen, Steuer, Regeln
EPC	Engineering, Procurement, Construction
EPCm	Engineering, Procurement, Construction Management
FEL	Front End Loading
FEED	Front End Engineering Design
FTE	Full Time Employees
FID	Final Investment Decision
H	Handover
ggf.	Gegebenfalls
GU	Generalunternehmer
GV	Gross Volume
HOAI	Honorarordnung für Architekten und Ingenieure
IAP	Interactive Planning Session
i.d.R.	in der Regel

ISBL	Inside Battery Limits
KOM	Kick-Off-Meeting
LLI	Long Lead Items
MOV	Motor Operated Valve
MPM	Metra-Potential-Methode
MSR	Messen, Steuern, Regeln
MTO	Material Take-off (Materialstückliste)
NOBO	Notified Body (Technical Inspection Agency)
OSBL	Outside Battery Limits
RACI Matrix	Responsible Accountable Consulted Informed Matrix
REACH	Registration, Evaluation, Authorization and Restriction of Chemicals
Revex	Revenue Expenditure
RFSU	Ready for Start-up
PAR	Project Assurance Review
PERT	Program Evaluation and Review Technique
PEP	Project Execution Plan
PLT	Prozessleittechnik
PM	Project Manger
PMBOK	Project Management Body of Knowledge
PPD	Project Premise Document
PSP	Projektstrukturplan oder WBS
P&ID	Process and Instrumentation Diagramm
QHSSE	Quality, Health, Safety, Security and Environment
RFSU	Ready for Start-Up
R&I	Rohrleitungen und Instrumente
S	Schedule
SU	Start-Up
SMART	Spezifisch, Messbar, Attraktiv, Realistisch und Terminiert
TA Lärm	Technische Anleitung Lärm
TA Luft	Technische Anleitung Luft
TBA	Technical Bid Analyses
TGA	Technische Gebäudeausrüstung
TIC	Total Investment Costs
TRB	Technische Regel zur Betriebssicherheit
TÜV	Technischer Überwachungsverein
u.a.	unter anderem
usw.	und so weiter
UVV	Unfallverhütungsvereinigung
VAR	Value Assurance Review
VDI	Verein Deutscher Ingenieure
WBS	Work Breakdown Structure
WHG	Wasserhaushaltsgesetz
WGK	Wassergefährdungsklasse
ZfP	Zerstörungsfreie Prüfung

Glossar

Begriff	Definition/ Erklärung
Ablaufplanung	Planung und Strukturierung der →Vorgänge, mit dem Ziel, die Abhängigkeiten zwischen diesen Vorgängen zu ermitteln.
Aktivität	Eine andere Bezeichnung für →Vorgang.
Anlagendetailplanung	Findet in der Regel (hauptsächlich) in der →Execute-Phase des Projekts statt.
Arbeitszeitwerte	Stundenschätzungen für bestimmte Arbeiten. Sie können vor Arbeitsbeginn festgelegt oder nach Aufwand abgerechnet werden. In der Literatur finden sich Standardwerte, die sich aus der Erfahrung zahlreicher Projekte ergeben haben.
Appraise-Phase	Erste Phase eines Projektes (Projektstart). Während dieser Phase wird für das Projekt, das Planungskonzept, eine ± 50 %-Kostenschätzung sowie ein Terminplan erstellt. Zum Abschluss erfolgt ein Gatereview, in welchem das Projekt sowohl technisch als auch finanziell konstruktiv hinterfragt wird. Bei einer Freigabe startet dann die → Select-Phase.
Aufstellungsplan	Maßstäbliche Darstellung von Anlagen und Anlagenteilen im Gebäudeplan.
Ausführungsplanung	Deutsche Bezeichnung für → Detail Engineering.
Ausführender Partner	Deutsche Bezeichnung für → Contractor.
Basis of Design	Grundlegende Planung. Findet vor allem in der → Select-Phase statt.
Basic Design Package	Grundlegende Planung. Findet vor allem in der → Select-Phase statt.
Basic Design Engineering Package	Ausgearbeitete Planung. Findet in der → Define-Phase für die Variante des Projekts statt, das in der → Select-Phase ausgewählt wurde.
Blockflussdiagramm (Block Flow Diagram)	Flussdiagramm, welches die Zusammenhänge zwischen den wichtigsten Komponenten einer industriellen Anlage darstellt.
Bottom-Up-Ansatz	Planung vom Einzelnen zum Allgemeinen.
Bulkmaterialien	Materialien wie Rohre, Flansche, Kabel etc.
Civil	Fachabteilung, die sich mit dem Tief- und Hochbau sowie dem Stahlbau beschäftigt.
Comissioning	Inbetriebnahme der Anlage
Contingency	Prozentualer Zuschlag in den Kosten für Unvorhergesehenes, abhängig von der Detaillierung und Genauigkeit der Kostenabschätzung.
Contracting Strategy	Vergabestrategie

Begriff	Definition/ Erklärung
Contractor	Ausführendes Unternehmen einzelner Bauabschnitte oder anderer Einzelaufgaben und Gewerke, z. B. ein Unternehmen, das den Rohrleitungsbau durchführt.
Constraint	Bedingungen für Meilensteine etc. Man unterscheidet zwischen Hard Constrait (feste Termine) und Soft Constraint (etwas flexibler definierte Termine).
Dauer	Die Zeitspanne zwischen Start- und Endzeitpunkt eines →Vorgangs.
Dauerplanung	Bestimmung der Dauern für die Einzel- oder Sammelvorgänge.
Decision Gate	Zeitpunkt, zu dem das Management entscheidet, ob ein Projekt in die nächste Projektphase übergeht.
Define-Phase	Dritte Phase eines Projektes. Während dieser Phase wird für die in der Select-Phase gewählten Variante des Projekts eine Grundlagenplanung ausgearbeitet. Diese beinhaltet eine ±10 %-Kostenschätzung sowie einen Terminplan. Zum Abschluss erfolgt ein Gatereview, in welchem das Projekt technisch als auch finanziell konstruktiv hinterfragt wird. Bei Freigabe folgt die Execute-Phase mit der Final Investment Decision.
Detail-Engineering	→ Ausführungsplanung. Findet vor allem in der Execute-Phase statt.
Disziplin	Im Englischen gebräuchlicher Ausdruck für eine Engineering-Fachabteilung wie E-Technik, wird manchmal auch in deutschen Texten verwendet.
Electrical	Fachabteilung, die sich mit dem elektrischen Anteil der Anlage beschäftigt.
Engineering	Entwickeln, Konstruieren, Planen etc.
EPC	Engineering, Procurement and Construction. Bei Projekten, die so bezeichnet werden, verantwortet ein Generalunternehmer alle drei Bereiche.
EPCm	Engineering, Procurement and Construction Management. Eine Abwandlung zu EPC: Bei mit EPCm bezeichneten Projekten übernimmt ein Unternehmen (Engineering Partner, Constructor etc.) die Projekt- und Construction Managementaufgaben.
Equipment (bzw. Statik)	Fachabteilung, die sich mit dem Design sowie mit der Beschaffung und Einrichtung von Equipment beschäftigt.
Execute-Phase	Vierte Phase eines Projektes. In dieser Phase findet in der Regel die Ausführungs- oder Detailplanung (Detail-Engineering) statt sowie → Aktivitäten zur Beschaffung (Procurement), Construction (Bau und Installation) und Inbetriebnahme (Commissioning).
Feasibility Report	Machbarkeitsstudie. Wird in der → Appraise-Phase angefertigt.
FEL-Phase	Front End Loading Phasen: Zusammenfassung von Appraise (FEL-1), Select (FEL-2) und Define (FEL-3).

Begriff	Definition/ Erklärung
Final Investment Decision	Freigabe des Investitionsbudgets nach der → Define-Phase.
Fließbild	Detaillierte schematische Darstellung der Anlage, detaillierter als → Blockflussdiagramme. Beispiele sind R & I (Rohrleitung & Instrumenten)-Fließbilder.
Gatereview	Die konstruktive Überprüfung des Projekts am Ende der Projektphasen, sowohl technisch als auch finanziell.
Gewerk	Eine bestimmte Leistung am Bau, die in der Regel von einem → Contractor durchgeführt wird.
Grobverfahrensplanung	Grundlegende Planung, Basis of Desing. Findet in der → Select-Phase statt.
Grundscope	Grundleistungsumfang eines Projektes.
Inside Battery Limits	Definition der (physischen sowie geografischen) Grenzen einer Anlage, innerhalb derer der Hauptprozess stattfindet.
Line List	Rohrleitungsliste, wird von der Fachabteilung → Piping erstellt.
Maintenance	Wartung, Standardaufgaben, im Gegensatz zu Projekt-Aufgaben, die u. a. durch Einmaligkeit gekennzeichnet sind.
Material Take-Off (MTO)	Stückliste
Meilenstein (Milestone)	Eine Aktion im Terminplan, ein → Vorgang mit der Dauer Null. Typische Meilensteine sind z.B. • Projektstart • Bauentscheidung • Beauftragung der Planung • Planungsbeginn • Genehmigungserteilung • Fertigstellung • Produktion
Netzplantechnik	Verfahren zur: – Analyse, – Beschreibung, – Planung, – Steuerung und – Überwachung von Abläufen. Siehe u. a. auch [Wuer17] Für eine vollständige Betrachtung sind Zeit, Kosten und Ressourcen zu berücksichtigen.
Operate-Phase	Betriebsphase, nach Übergabe der Anlage an den Betreiber.
Outside Battery Limits	Alle Aktivitäten außerhalb der definierten Anlagegrenzen, im Gegensatz zu → Inside Battery Limits
Package Units	Eine Einheit, die eine vollständige Funktion oder Dienstleistung in sich vereint. Es handelt sich um eine vorgefertigte, kompakte Einheit, die verschiedene Komponenten und Systeme enthält, die für einen bestimmten Zweck oder Prozess erforderlich sind.

Begriff	Definition/ Erklärung
Piping	Fachabteilung, die sich mit der Planung und Ausführunge der Leitungen, Rohre etc. beschäftigt.
Planung	Eine Aktivität des → Engineering.
Plot Plan	Lageplan, wird von der Fachabteilung → Piping erstellt.
Pre-Comissioning	Vorarbeiten für das → Comissioning.
Pre-FID Engineering	Andere Bezeichnung für → Revex Engineering.
Procurement	Beschaffung von Equipment und Material.
Procurement Strategy	Beschaffungsstrategie
Projekt	Ein Projekt definiert ein strukturiertes sowie standardisiertes Vorgehen zur Abarbeitung eines Vorhabens, um ein bestimmtes Ziel (wie z. B. eine Kapazitätserweiterung) zu erreichen. Merkmale eines Projekts sind: – Zeitliche Befristung des Vorhabens mit einem Start und Ende (Zeitlimitierung) – Einmaligkeit des Vorhabens – Ziel des Vorhabens (Projektziel) – Budget- sowie Ressourcenlimitierung Siehe DIN 69901 sowie u. a. [ALAM16].
Projektstrukturplan	Andere Bezeichnung für → Work Breakdown Structure.
Prozess	In der Anlage ablaufender Vorgang, wird durch die → Verfahrenstechnik ausgelegt.
Puffer	Aktion aus dem Terminplan, definiert die Zeit („Leerzeit") zwischen zwei Vorgängen, die nicht kritisch ist, wenn es zu Verspätungen oder Verzögerungen kommt. Unkritisch sind also Verspätungen, die die Pufferwerte nicht überschreiten. Ansonsten verschieben sich die Nachfolgeaktivitäten.
Quality and Healt Strategy	Qualitäts- und Sicherheitsstrategie
RACI Matrix	Eine Matrix zur Dokumentation von Verantwortlichkeiten.
Ressourcenplan	Planung der erforderlichen Ressourcen.
Ready for Start-up	Anlage ist bereit für die Inbetriebnahme.
Review	Überprüfung
Ressource Loading	Aktivitäten sind mit Arbeitszeitwerten (Stundeneinschätzungen) hinterlegt.
Revex Engineering	Fasst die Engineering-Aktivitäten der Appraise-, Select- sowie Define-Phase zusammen.
Risikomanagement	Systematisches sowie standardisiertes Vorgehen beim Identifizieren, Erfassen und Bewerten von sowie dem Umgang mit Risiken. Siehe u. a. [ALAM16] für weitere Details.

Begriff	Definition/ Erklärung
Sammelvorgang	Ein Sammelvorgang fasst eine Anzahl von → Vorgängen zusammen. Ein Sammelvorgang kann zum Beispiel das Detail-Engineering sein. Dieser Sammelvorgang fasst dann beispielsweise Piping Engineering und E-Technikengineering zusammen.
Scheduler	Terminplaner
Scope of Services	Leistungsbeschreibung, zum Beispiel die Erstellung der Druckverlustberechnung oder der statische Nachweis von Rohrbrücken.
Scope of Work	Leistungsbeschreibung der Anlage, zum Beispiel der Durchsatz.
Select-Phase	Zweite Phase eines Projektes.Während dieser Phase werden für das Projekt, auf Basis des Planungskonzeptes aus der Appraise-Phase, verschiedene Varianten weiter ausgearbeitet und eine ±30 %-Kostenschätzung sowie ein Terminplan erstellt. Zum Abschluss erfolgt ein Gatereview, in welchem das Projekt sowohl technisch als auch finanziell konstruktiv hinterfragt wird. Bei Freigabe startet dann die Define-Phase.
Stand-by Team	Auf Abruf bereitstehende Monteursgruppe.
SMART-Methode	Ziele sollten nach der SMART-Methode definiert werden: (S)pezifisch: Präzises Ziel (M)essbar: Überprüfbares Ziel (A)ttraktiv ((A)kzeptiert): Herausforderndes Ziel (R)ealistisch: Realistisches Ziel (T)erminiert: Definierter Zeitpunkt, um das Ziel zu erreichen Siehe u.a. [ALAM16] für weitere Details.
Stakeholder	Sind direkt und/oder indirekt in das Projekt involviert.
Stromlaufplan	Ein Stromlaufplan ist eine in der Elektrotechnik genutzte grafische Darstellung einer elektrischen Schaltung auf der Ebene einzelner Module oder im Bereich der Elektroinstallationstechnik genutzter Elemente wie Schalter, Elektromotoren oder Leuchtmittel. Sie berücksichtigt nicht die reale Gestalt und Anordnung der Bauteile, sondern ist eine abstrahierende Darstellung der elektrischen Funktionen und der Stromverläufe.
Terminplan / Terminplanung	Zuordnung der Dauerplanung zu der Ablaufplanung und Ausarbeitung von bestimmten Terminen.
TIC-Estimate	**T**otal **I**nvenstment **C**ost Estimate, eine Gesamtkostenaufstellung für ein Projekt.
Top-Down-Ansatz	Planung vom Allgemeinen zum Einzelnen.
Turnaround	Stillstandszeiten einer Anlage, beispielsweise für Wartung oder Überprüfung.

Begriff	Definition/ Erklärung
Verfahrenstechnik	Planung der in der Anlage stattfindenden → Prozesse (prozesstechnische Auslegung).
Verfahrensdetailplanung	Ausführungsplanung, Detail Engineering, findet vor allem in der → Execute-Phase statt.
Vorgang	Ist eine Aktion im Terminplan und wird auch als Aktivität (Activity) bezeichnet. Zu einem Vorgang wird ein Start- und Endzeitpunkt definiert, ihm können Ressourcen und Kosten zugeordnet werden.
Vorplanung	Findet in der → Appraise-Phase statt.
Work Breakdown Structure	Aufteilung eines Projektscopes in einzelne Arbeitspakete.

Abbildungsverzeichnis

Tabellenverzeichnis

Stichwortverzeichnis